프로 셰프들도 참고하는 그녀의 요리 채널이 책으로 나오다니!
이건 꼭 레스토랑에 구비해둬야 할 것 같아요.
그리고 대한민국 최고의 요리사 안성재 셰프님께서 그러시더군요.
"할머니와 요리사 가장 맛있는 레시피죠."

나폴리 맛피아(셰프, <흑백요리사> 우승자)

미뇨끼 님의 따뜻한 마음으로 가득한 이탈리아 가정식 요리들이 다양하게 담긴 책.
할머니의 사랑이 느껴지는 이탈리아 요리들을
편한 마음으로 함께 나눌 수 있는 좋은 기회라고 생각합니다.
여러 요리가 주제별로 자세하게 소개되었으니 많은 도움이 되리라 확신합니다.

김밀란(셰프, 유튜버,『김밀란 파스타』저자)

이탈리아의 정취가 담긴 이 레시피북은 단순한 요리책이 아니라,
미식의 예술에 대한 초대장입니다.
한 페이지 한 페이지 넘길 때마다 지중해의 햇살과 정통의 풍미가 느껴지며,
재료 본연의 맛을 살리는 이탈리아 요리의 진수를 경험하게 합니다.
이 책과 함께라면 일상 속에서도 마치 작은 이탈리아 여행을 떠나는 듯한
설렘을 느끼실 수 있을 겁니다.

은수저(50만 요리 유튜버)

부오니시모!

나의 미뇨끼 레시피북

부오니시모!
나의 미뇨끼 레시피북

요리 유튜버 미뇨끼의
33가지 이탈리아 현지 가정식

Buonissimo!

미뇨끼|minyo_kki 지음

동양북스

PROLOGUE
나의 미뇨끼 이야기

안녕하세요!
이탈리아에서 온 미뇨끼 인사드립니다.

지금으로부터 딱 2년 전 한국에 처음 왔는데요.
정말 짧은 시간 만에 유명한 유튜버가 되고
결국 책까지 낸다는 게 아직도 믿기지 않아요.
모두 여러분들의 사랑 덕분이에요.

요리 유튜버 미뇨끼의 첫 번째 책을 시작하기 전에
인간 미뇨끼 이야기를 잠깐만 해 볼게요.
지금은 BTS나 블랙핑크 노래가 빌보드 차트에 밥 먹듯 오르고
대한민국 소설이 노벨문학상을 받는 게 전혀 이상하지 않지만
동방신기를 시작으로 소녀시대, 샤이니 같은 아이돌에 푹 빠져
한국어 전공이 있는 나폴리 대학교에 나홀로 떠나버린
당시 기준으로 저는 한국에 푹 빠진 특이한 사람이었어요.

한국에서 살아보고 싶다는 오래된 소원은 결국 이뤘고
생각했던 것처럼 한국은 정말 좋은 곳이었는데요.
막상 꿈을 이루고 나니 그다음을 고민하게 됐어요.

홍대 앞 거리를 지나가는 수많은 외국인 중 한 명이 아닌
한국에 사는 이탈리아 사람인 "나"는 무슨 의미가 있을까?

이탈리아 제품을 수출입 하는 회사에서 일하든
학교나 학원에서 이탈리아어를 가르치든
좋든 싫든 나의 정체성인 이탈리아와 관련된
뭔가를 할 수밖에 없다는 결론에 도달했어요
(많은 외국인 친구들이 실제로 하는 고민이에요).

당시 모든 고민을 함께 했던 남자친구는...
"평소에 네가 들려주는 요리 썰 진짜 재밌어!
한때 집에서 식당 10개씩 운영했던 요리 수저잖아~
네가 나름 잘 아는 이탈리아 요리로 뭔가 해 봐! 엄청 잘될 거야~~"

이렇게 유튜버 미뇨끼가 탄생했지만...
동시에 저를 괴롭히는 고민이 있었어요.
'내가 직업이 요리사도 아니고 관심이 많은 정도인데
사람들 앞에서 요리에 대해 떠들어도 될까?'

결국 제가 제일 잘할 수 있는 걸 깨달았어요.
진짜 레스토랑 셰프처럼 요리하는 방법이 아닌
오히려 나 같은 사람도 누구나 쉽게 만들 수 있는
실제로 집에서 먹는 음식을 알려줘야겠다!

한국에서 이탈리아 음식은 중요한 날에
와인바같이 분위기 좋은 곳에서 즐기는
"럭셔리" 음식 같다는 인상을 받았는데요.

물론 그런 것도 분명히 이탈리아 음식이지만
동시에 올리브오일과 구수한 빵 한 쪽처럼
매우 소박한 느낌의 이탈리아 음식도 많거든요.

실제로 이탈리아 사람들이 평소에 집에서 먹는
신선한 재료로 간단히 만든 평범한 음식이야말로
이탈리아 요리의 제일 중요한 축이라는 생각에
나만의 책을 만들어야겠다 결심했어요.

이 책의 레시피는 오랜 세월 허름한 동네 식당에서
요리사로 일한 할머니한테 배운 것들이 많은데요.
은퇴 후에도 할머니는 손녀를 위해 요리하고
주위 사람들을 위해 음식 나누는 걸 좋아했어요.
할머니한테 요리하는 방법만 배운 게 아니라
요리가 사랑을 전하는 방법인 것도 같이 배운 거죠.
"사랑Love"을 이 책의 테마로 잡은 이유예요.

첫 번째 챕터 **LOVE yourself**는 1인용 레시피예요.

혼자서 간단히 요리하기 좋은 음식을 담았어요.

모든 레시피 중량은 1인분 기준으로 잡았고요.

요리 과정도 일부러 최대한 간단하게 만들어서

특별한 도구나 재료가 없어도 만들 수 있어요.

두 번째 챕터 **Share the LOVE**는 2인용 레시피예요.

다른 사람과 함께 먹기 좋은 음식을 담았어요.

모든 레시피 중량은 2인분 기준으로 잡았으니

친구, 연인, 배우자와 함께 나눠 먹기 좋아요.

물론 혼자서 만들어 먹어도 전혀 문제없지만

양이 애매하게 많거나 과정이 귀찮을 수 있어요.

세 번째 챕터 **LOVE the day**는 3인용 이상 레시피예요.

크리스마스나 일요일 점심 같은 파티 날에

하루 날 잡고 만드는 특별한 음식을 담았어요.

모든 레시피 중량은 3~4인분 기준으로 잡았는데요.

시간이 충분히 필요하니 미리 계획을 세워보세요.

그럼 시작하기 전에 다 같이 외쳐볼까요?

Buonissimo~
부오니시모

Contents

Chapter 1

LOVE yourself
혼자서 간단히 요리하기 좋은 1인용 레시퍼

Essay
"아무리 바쁘고 힘들어도
맛있는 음식으로 스스로를 사랑해요."

Chapter 2

Share the LOVE

함께 나눠 먹기 좋은 2인용 레시피

Essay
"세상에서 한 가지 확실한 건
음식은 나눠 먹어야 맛있다는 거예요."

Chapter 3

LOVE the day
특별한 날을 위한 3~4인용 레시피

Essay
"일요일 점심에 다 같이 모여 식사를 하는 전통은
과거에나 지금에나 이탈리아 사람들의 삶 그 자체예요."

FAQ

미뇨끼 레시피,
이것부터 알아보고 시작해요.

재료 이야기

파스타

파스타는 크게 3가지 종류로 나뉘어요.

상 | 그라냐노 파스타
중 | 룸모, 데체코, 가로팔로
하 | 바릴라 등

오해를 막기 위해 한 가지만 확실히 할게요.
순전히 가격에 따라 파스타 종류를 나눠본 거지
저렴한 파스타는 별로라는 게 절대 아니에요.
이탈리아 사람이 제일 많이 먹는 게 바릴라고
오히려 알리오 올리오같이 평범한 파스타는
평범한 면으로 만들어야 더 잘 어울리거든요.

하지만 고급 파스타만의 장점도 확실히 있어요.
특히 몇 가지 파스타에 정말 잘 어울리는데요.
버터 앤초비 파스타나 봉골레 파스타같이
촉촉하고 크리미한 느낌의 소스에 최고예요.

파스타 만들 때 토마토소스나 크림 없이
오직 오일과 물로 크리미한 느낌을 주는 게
요리 초보자 입장에서 굉장히 까다롭거든요.
이럴 때 자연 건조한 그라냐노 파스타를 쓰면
전분이 많이 나와서 소스가 쉽게 크리미해져요.
초보자의 실패 확률을 확실히 낮춰주는 데다가
파스타 자체도 나름 생면과 유사한 느낌이 좋아서
그라냐노 파스타가 특별히 좋은 점도 있는 거죠.

제가 추천하는 건 직접 여러 가지 파스타를 먹어보고
취향과 상황에 맞게 원하는 걸 고르는 거예요.

예를 들어 이탈리아 사람들은 파스타가 주식이라
매 끼니 비싼 파스타를 많이 먹는 건 불가능하니
평소에 바릴라를 제일 많이 먹게 되는 거고요.

오히려 한국 사람처럼 파스타를 가끔 먹거나
주로 누군가를 대접할 때 파스타를 요리한다면
고급 파스타로 확실한 만족을 얻을 수 있어요.
그러면서 평소에는 저렴한 파스타를 써도 되고요.

뇨끼

이탈리아에는 다양한 종류의 뇨끼가 있는데요.
한국에선 선택지가 그렇게 많지 않은 편이라
편리한 수입산 냉동 뇨끼를 추천할게요.

빵

식빵이나 바게트 대신 항상 사워도우만 먹어요.
동네에 맛있는 사워도우를 파는 빵집을 찾아서
사워도우 한 덩이 사고 집에 와서 슬라이스한 다음에
지퍼백 넣어서 바로 냉동실에 얼리면 오래가요.
해동할 필요 없이 바로 토스터에 약간만 돌리면
언제든 신선하고 구수한 빵을 먹을 수 있답니다.

따뜻한 빵에 버터와 잼만 발라서 아침으로 자주 먹고
챕터 1 레시피인 브루스케따에 제일 잘 어울리면서
이탈리아 사람들처럼 파스타나 메인 요리를 먹고
접시에 남은 소스를 빵으로 슥슥 닦아 먹기도 좋아요.

토마토

이탈리아 요리에서 토마토는 절대 빠질 수 없어요.
토마토는 크게 4가지로 분류할 수 있는데
각자 활용법도 다르고 느낌도 조금씩 달라요.

생토마토 | 산뜻하고 가벼운 소스
토마토 홀 | 토마토소스
토마토퓨레 | 라구
토마토페이스트 | 파스타/리조또

● 생토마토
주로 산뜻하고 가벼운 맛을 주고 싶을 때
생토마토를 짧게 끓여서 소스를 만들어요.
특히 토마토가 제철인 무더운 여름에 주로
시원한 느낌의 생토마토 파스타를 먹어요.

한국 토마토는 대체로 물기가 많은 편이라
풍미가 진하고 수분이 적은 토마토가 좋은데요.
대저토마토나 짭짤이토마토 같은 단단한 토마토
혹은 이마트 기준 달짝이토마토를 자주 사용해요.

샐러드용이라면 색깔이 다양해서 비주얼이 좋은
컬러 방울토마토를 자주 사용해요.

● 토마토 홀
이탈리아 요리에 토마토소스는 필수예요.
모든 토마토 계열 파스타를 쉽게 만들 수 있고
메인 요리나 수프에 넣으면 소스 걱정이 없거든요.

토마토소스는 주로 토마토 캔으로 만드는데
시간이 오래 걸려서 한 번에 많이 만드는 게 좋아요.

무띠 토마토 홀 2.5kg 제품을 항상 잘 쓰고 있어요.

● 토마토퓨레
이미 한번 곱게 갈아 나온 토마토퓨레는
주로 라구나 해산물 스튜를 만들 때 쓰는데요.
요약하면 토마토퓨레는 토마토 베이스 요리에
고기나 해산물 같은 본 재료 맛이 앞서야 할 때
간편한 보조 역할이라고 이해하면 좋을 것 같아요.

유리병에 담긴 680g 제품을 쓰고 있어요.

물론 토마토퓨레로도 토마토소스를 만들 수 있지만
토마토 홀로 만들었을 때 식감이 더 좋은 것 같아요.

● 토마토페이스트
토마토페이스트는 파스타나 리조또를 만들 때
약간의 산미로 포인트를 주고 싶을 때 좋아요.
쉽게 말하면 토마토 요리를 만드는 게 목적이 아니라
내 음식에 토마토의 산미와 단맛을 약간만 더해서
먹다 보면 자칫 단조롭거나 느끼할 수 있는 음식에
신선한 느낌을 불어넣는 좋은 아이템이에요.

무띠MUTTI 토마토페이스트 튜브를 추천할게요.

쌀

리조또용 쌀은 신동진쌀을 추천하고 싶어요.

이탈리아 쌀 품종은 대체로 단단하고
수분을 천천히 흡수해서 조리도 오래 걸려요.
한국 쌀은 상대적으로 식감이 부드러운 편이고
그만큼 수분 흡수도 더 빠르다고 느꼈어요.

그래서 한국 쌀로 리조또를 만들 때는
육수를 적게 쓰거나 조리 시간을 짧게 하는 등
요리할 때 디테일에 조금만 더 신경 써주면
여전히 맛있는 리조또를 만들 수 있다고 생각해요.

유튜버 김밀란 님이 추천해 준 신동진쌀을 써봤는데.
일반적인 한국 쌀보다 쌀알이 크고 단단해서
리조또 만들 때 좋은 쌀이라는 느낌을 받았어요.

생크림

요리용/디저트용 생크림으로 나눌 수 있어요.

이탈리아의 요리용 생크림은 약간의 가공을 거쳐
이미 농도가 꾸덕꾸덕하게 잡혀 있는 제품이라
오래 끓일 필요 없이 그냥 파스타에 넣으면
바로 크리미한 소스가 되는 편리한 재료예요.

한국에 와보니 생크림 대부분이 묽은 편이라
요리에 바로 쓸 수 있는 크림 찾느라 고생했는데요.
딱 한 제품만 이런 스타일이라 항상 2개씩 갖고 있어요.
"매일우유 휘핑크림 250㎖" 추천할게요.
정확히 유크림(국산) 99.6% 제품이고요.
250㎖ 1팩이면 파스타 2인분 정도 만들 수 있어요.

디저트용 생크림은 유크림 100% 제품으로
흔히 찾을 수 있는 묽은 느낌 생크림이에요.
티라미수, 판나코타 만들 때 많은 양을 쓰는데
수입된 생크림 1ℓ 사면 가성비가 좋아요.

리코타

한국에서 리코타는 샐러드에 넣어 먹거나
빵에 발라 먹는 등 평범한 느낌이 있는데요.

이탈리아 요리에서 리코타는 아예 위상이 달라요.
토마토소스에 리코타를 섞어 로제소스를 만들고
시금치와 리코타를 섞어서 파스타 필링으로 채우고
바삭한 페이스트리에 크림 대신 리코타 필링도 채우고
오히려 샐러드로 아예 먹어본 적이 없을 정도로
많은 요리에 빠실 수 없는 핵심적인 재료예요.

한국은 치즈가 비싼 편이라 눈물이 나지만
오직 리코타 치즈만은 상당히 저렴한 데다
국산이라 신선한 퀄리티도 엄청 좋아요.
매일유업 상하 리코타 치즈를 추천합니다!

파마산 치즈

이탈리아 요리에서 파마산 치즈는 당연히
파르미지아노 레지아노 블럭 치즈를 쓰세요.
미리 갈아진 파마산 치즈는 퀄리티도 그렇지만
치즈 껍질까지 갈은 거라 전 쓰지 않아요.
파마산 치즈는 개봉하면 키친타월로 감싸서
냉장고에 넣으면 신선하게 보관할 수 있어요.

버터

이탈리아 요리에서 버터는 의외로 많이 쓰고
올리브오일만큼 중요한 요리 필수 재료예요.

버터 자체가 기본적인 파스타 소스기도 하고
리조또 특유의 크리미한 질감도 만들어주고
라자냐의 제일 맛있는 부분인 베샤멜소스도
버터와 우유를 조합해서 만든 버터 소스예요.

좋은 버터를 쓸수록 그만큼 맛있다는 뜻이에요.
온라인 기준 라꽁비에뜨 버터를 자주 쓰고요.
집 근처 이마트에서 다양한 버터를 써봤는데
웨스트골드 버터가 가성비가 제일 좋았어요.

무염인지 가염인지 질문을 많이 받는데요.
솔직히 뭘 쓰든 상관없다고 생각하지만
저는 집에서 항상 가염 버터만 쓰고 있어서
이 책의 모든 레시피는 가염 버터를 사용했어요.

채소도 볶고 소스도 만들고 빵에도 발라 먹으려면
가염 버터가 더 편리하고 활용도가 높다고 생각해서
집에서 요리하는 사람은 가염 버터를 추천할게요.

다만 요리에 들어간 소금의 총량이 결국 중요한 거니까
무염 버터를 쓴다면 소금간을 조금 더 하면 되겠죠?

관찰레

오리지널 까르보나라의 가장 중요한 재료로
이제는 정말 유명해진 이탈리아 식재료인데요.
항상 뭐로 대체할 수 있는지 궁금해하시는데
관찰레는 어떤 걸로도 대체가 불가능해요.

왜냐하면 관찰레는 햄이나 베이컨이 아니라
오히려 올리브오일이나 버터와 훨씬 비슷한
라드의 역할에 가깝기 때문에 그래요.

고깃집에서 먹는 볶음밥이 너무 맛있다고 해서
집에서 식용유로 볶으면 전혀 그 맛이 아니듯
관찰레도 마찬가지라고 생각하시면 될 것 같아요.

관찰레는 온라인으로만 구매할 수 있는
살루메리아의 이베리코 관찰레를 항상 쓰고 있어요.

앤초비

앤초비는 정말 저평가된 식재료라고 생각해요.

앤초비는 호불호 강한 멸치 맛에 짠맛도 강해서
사용 방법을 잘 모르면 아예 싫어할 수도 있지만
사실 잘게 잘게 다져서 요리에 조금씩 쓰면
부드럽고 은은한 천연 감칠맛이 폭발해서
특히 한국 사람들이 좋아할 맛이라고 생각해요.

저는 평소에 알리오 올리오 만들 때도
항상 앤초비를 잘게 썰어서 넣어서 먹고요.
챕터 1 버터 앤초비 파스타에 넣어도 진짜 맛있고
챕터 3 비텔로 톤나토 소스에도 들어가는데
모든 음식을 맛있게 만드는 요리 치트키예요.

유리병에 담긴 앤초비는 냉장고에 넣어두면
보관이 오래 되니까 하나 사두면 든든하고요.
파스타에 넣을 때는 어차피 잘게 다져야 하니까
앤초비페이스트도 편리해서 좋다고 생각해요.

올리브오일

올리브오일 추천해달라는 질문을 엄청 많이
받았는데요.

일단 한국 회사의 올리브오일은 죄송하지만 별로예요.
이탈리아 올리브오일을 웬만하면 추천하고 싶지만
스페인 올리브오일도 퀄리티와 가격 다 좋은 것 같아요.

이탈리아 사람들은 좋은 올리브오일을 고를 때
산도나 성분을 보면서 구매하는 경우는 없고요.
최대한 맛있고 신선한 올리브오일을 쓰려고 해요.

아무 맛이 안 나거나 한 가지 맛만 나는 것보다
매운맛, 쓴맛, 풀 맛 등 다양한 맛이 날수록 좋으니
열심히 먹어보면서 맛있는 올리브오일을 찾아보세요.

퓨어 올리브오일을 써도 괜찮냐는 질문도 있었는데요.
솔직히 올리브오일 중에 퓨어라는 제품이 있다는 걸
정말 태어나서 한국에서 처음 들어봤어요.
이탈리아 요리에서 말하는 올리브오일은
오직 엑스트라버진 올리브오일밖에 없어요.

또한 좋은 올리브오일을 고르는 것만큼
어쩌면 더 중요한 얘기를 하고 싶은데요.

요리할 때 올리브오일을 과감할 정도로 많이 쓰세요!
이탈리아 요리에서 올리브오일은 그저 식용유가 아니라
그 자체가 음식을 맛있게 만드는 중요한 역할이에요.
이 책의 레시피를 보면 바닥이 전부 뒤덮일 정도로
올리브오일을 넣으라는 얘기가 자주 나오는데요.
실제로 그만큼 써야 맛있는 음식이 나오거든요.

가끔 비싼 올리브오일이 아깝다고 조금씩 쓰는데
차라리 적당한 올리브오일을 부담 없이 많이 쓰는 게
음식도 맛있고 건강에도 더 좋다고 생각해요.

와인

요리용 와인은 굳이 좋은 와인을 쓸 필요는 없어요.
저는 이마트에서 저렴한 G7 와인을 쓰고 있는데요.
대신 레드/화이트와인은 서로 대체가 안 돼요.
레드와인은 고기 요리나 라구에 많이 쓰고요.
화이트와인은 해산물 요리나 리조또에 많이 쓰니까
가성비 좋은 와인으로 둘 다 갖고 있기를 추천해요.

파슬리

이탈리아 요리는 오직 이탈리안 파슬리만 써요.
가끔 마트에 파는 컬리 파슬리는 절대 쓰지 않아요.
다행히 파슬리는 냉장고에서 오랫동안 신선한 편이라
마트에서 한 팩 사면 계속 보관하고 쓸 수 있어요.

파슬리는 줄기 부분은 안 쓰고 버리고요.
잎 부분만 떼서 잘게 다져서 쓰는 거니까
이 책에 나오는 다진 파슬리는 전부 잎이에요.

바질

바질은 토마토 요리에 가장 잘 어울리는데요.
안타깝지만 파슬리와 달리 바질은 금방 시들어요.
필요할 때마다 마트에서 조금씩 사다 쓰거나
작은 화분에서 직접 키우면 제일 좋아요.
바질은 항상 두 손바닥으로 짝 내리쳐주면
향이 훨씬 잘 나니 잊지 마세요!

요리법 이야기

소금간 잘하는 법이 있을까요?

절대 소금을 한꺼번에 많이 넣지 말고요.
재료 하나씩 더할 때마다 조금씩 간을 더하고
모든 재료가 합쳐지면 마지막으로 전체 소금간을 해요.
즉, 단계 단계마다 소금간을 조금씩 계속 쌓는 거죠.

예를 들어 챕터 2의 깔라마리 수프를 만들 때
소금을 한꺼번에 넣어서 국물에 간을 맞추면
오징어나 완두콩 같은 건더기는 너무 싱거울 거고
반대로 건더기에 간을 맞추면 국물은 싱겁겠죠.
그래서 재료마다 조금씩 미리 소금간을 해 놓고
나중에 다 합쳐진 결과물에서 한번 더 체크해요.

주의할 점은 2가지가 있는데요.

첫 번째로 훈제 연어, 관찰레, 치즈처럼
염도가 있는 재료는 굳이 소금간이 필요 없고
오히려 소금 역할을 대신할 수 있다는 거예요.

두 번째로 새우나 고기 같은 덩어리 재료들은
그 자체에 따로 충분히 소금간이 필요해요.

파스타 삶을 땐 소금을 얼마나 넣어야 돼요?

보통 "물 1ℓ + 소금 10g"이 정확한 비율이라 하고
평범한 냄비라면 물 2ℓ에 소금 20g 정도 들어가요.

하지만 전 파스타 삶을 때 당연히 계량하지 않고
그냥 냄비에 파스타 잠길 정도로 물 충분히 받고
대충 소금 한 주먹 넣어서 짭짤하게 만드는데요.
저야 이미 대충 이만큼 넣으면 된다는 걸 알지만
처음에는 직접 중량을 재서 감을 잡는 걸 추천할게요.

그리고 이건 제 개인적인 팁인데요.
어떤 파스타는 면수를 더 많이 넣기 때문에
평소보다 소금을 좀 적게 넣는 게 좋다고 생각해요.
챕터 2의 봉골레 파스타처럼 알 덴테로 삶고
팬에 옮겨 면수를 많이 넣고 익히는 조리법은
약간 싱겁게 삶아줘야 소금간하기가 편해요.

정반대로 챕터 1의 알리오 올리오 같은 경우는
파스타 면 삶고 면수를 아예 쓰지 않으니까
면수에 소금간을 세게 해도 큰 걱정 없고
나중에 파스타에 직접 소금간해도 괜찮아요.

그러니 너무 스트레스받지 마세요. >.<

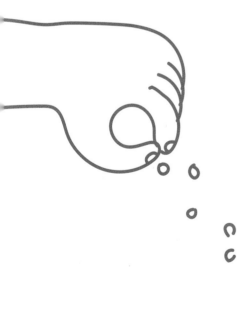

올리브오일 가열해도 되나요?

이탈리아 요리는 튀김을 빼면 전부 올리브오일로 해요.
왜 이런 얘기가 한국에 퍼진 건지 모르겠는데요.
모든 이탈리아 요리는 채소를 볶을 때는 당연하고
고기나 생선을 구울 때도 전부 올리브오일을 써요.

궁금해서 찾아봤는데 한국에서 올리브오일을 가열하면
좋은 성분이 파괴될 수 있다는 걱정이 있더라고요.

이탈리아에서 평생 이런 얘기 한 번도 못 들어봤어요.
올리브오일은 맛있는 요리를 만드는 맛있는 기름일 뿐
이탈리아 사람에게 올리브오일은 약이 절대 아니에요.
물론 건강에도 좋지만 그건 자연스럽게 따라오는 거지
일부러 성분 따지면서 건강 때문에 먹는 건 아니에요.

개인적으로 가열하나 그냥 먹으나 올리브오일은
그 어떤 식용유보다 훨씬 건강하다고 생각하고요.
요리에 쓰면 엄청 많이 먹게 돼서 걱정 안 해도 돼요.

요리용/생식용 올리브오일 추천해 주세요!

처음에 이 질문을 잘 이해하지 못했는데요.
이탈리아 사람들은 요리용/생식용 따로 구분하지 않고
그냥 좋은 올리브오일 하나로 모든 걸 해결해요.

물론 엄청 퀄리티가 좋은 올리브오일이 있다면
샐러드나 고기에 살짝 뿌려서 향을 최대한 즐기는
a crudo 방식으로 먹는 경우도 있기는 하지만
일부러 요리용/생식용 올리브오일을 따로 구분해서
집에 2병씩 갖고 있을 필요는 전혀 없다고 생각해요.

대신 꼭 하고 싶은 말이 있는데요.
좋은 올리브오일을 요리에도 그대로 쓰세요.

이탈리아 요리에서 올리브오일은 그냥 식용유가 아니라
그 자체가 맛을 내주는 조미료 역할도 하기 때문에
요리할 때도 좋은 올리브오일을 써야 맛있거든요.

파스타는 꼭 알 덴테인가요?

전혀 그렇지 않아요!
파스타는 자기 먹고 싶은 대로 삶아 먹으면 돼요.

이탈리아 사람들도 알 덴테 좋아하는 사람도 있고
부드럽게 퍼진 파스타 좋아하는 사람도 있거든요.
물론 식당에서는 보통 알 덴테로 맞춰주지만
집에서 먹을 때는 다들 신경 안 쓰고 그냥 먹어요.

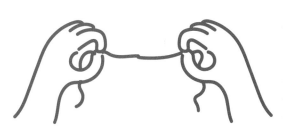

재료는 어떻게 계량해야 하나요?

대부분의 요리책은 보통 레시피를 작성할 때
㎖, 컵, 스푼 등의 부피 단위를 많이 사용하지만
제 책의 모든 레시피는 중량(g)으로 작성했어요.

과거의 계량법은 누구나 집에 있는 도구로
쉽고 빠른 측정이 가능하다는 장점이 있지만
의외로 정확하지 않다는 치명적인 단점이 있어요.

예를 들어 볼까요?

우유 100㎖가 필요하다고 했을 때
정확히 100㎖ 눈금에 맞추기도 쉽지 않고
눈금을 바라보는 내 눈의 위치에 따라
완전히 다르게 보일 수도 있어요.

컵은 1컵, 2컵 정말 단순해 보이지만
한국은 200㎖고 미국은 240㎖고요.
종이컵이라면 큰 건지 작은 건지 모호해요.

특히 스푼은 차이가 많이 나는데요.
일단 계량스푼인지 밥숟가락인지도 아예 다르지만
같은 한 스푼도 입자 크기에 따라 중량이 달라요.

반면 중량(g)으로 레시피를 따라 하면 정말 편해요.
전자저울에 아무 그릇이나 올리고 0 맞춘 다음
그냥 숫자놀이 하듯 딱딱 그냥 계산하면 끝이거든요.

책을 쓸 때부터 전부 중량으로 써야지 마음먹고
레시피 하나하나 평소 익숙한 대로 요리한 다음
모든 재료의 사용량을 역으로 계산해서 중량을 쟀어요.

하지만 그냥 파슬리 1스푼이나 후추 약간처럼
정확한 중량을 쓰지 않은 경우도 있는데요.
이 경우는 대략 요만큼 넣는 게 중요한 거고
조금 덜 들어가거나 더 들어가도 그만인
오히려 계량이 비효율적이라 간단히 적었어요.

이 책의 스푼/티스푼 계량은 그런 의미에서
집에 있는 평범한 밥숟가락과 티스푼 기준이에요.

밥숟가락으로 크게 한 숟갈 뜬 게 1스푼이고
티스푼은 간단히 꽉 채운 게 1티스푼이에요.

아! 그리고 레시피마다
○ 정량 ♥ 취향에 따라 양 조절 표시가 있는데요.

레시피 속 맛에 직접적인 영향을 주는 재료는
"정량" 표시로 최대한 자세히 알려주고 싶었어요.
특히 소금은 그 중요성을 잊기가 쉽지만
누구보다 맛에 가장 큰 영향을 주는 재료라
정량을 알려드렸으니 귀찮아도 꼭 참고하세요.

특정 재료는 그냥 취향껏 넣으라고 썼는데요.
말 그대로 취향껏 넣으면 좋은 재료들이지만
숨겨진 뜻은 많이 넣으나 적게 넣으나 이 음식의
전체적인 느낌에는 큰 영향이 없다는 뜻이에요.

물론 제가 얼마나 넣는지 궁금하실 수 있지만
괜히 정확히 중량을 재서 넣는 게 큰 차이가 없고
오히려 요리만 복잡하게 만든다고 생각해서
일부러 파란색으로 표시한 취향의 영역으로 남겼어요.

요리 초보라 불 조절이 어려워요. ㅠ

책을 쓰는 입장에서 제일 어려운 게
불 조절을 정확히 알려주는 건데요.
각자의 주방 환경이 너무 다르기 때문이에요.

이탈리아 살 때는 평생 가스 불만 쓰다가
한국에서 원룸 살 때는 하이라이트 썼다가
이사 온 새집에서는 인덕션을 쓰고 있으니까
가정용 레인지는 전부 다 써봤는데요.
정말 놀라울 정도로 서로 너무나 달라요.

가스 불의 중간 불꽃과 인덕션의 중간 단계는
애초에 출발점이 달라서 전혀 똑같지 않고요.
같은 가스 불도 화구 크기에 따라 화력이 다르고
인덕션도 제품마다 출력이 조금씩 다른데
화구 크기에 따라 똑같이 5단으로 물을 끓여도
어떤 건 팔팔 끓고 어떤 건 천천히 끓더라고요.

고기보다는 고기 잡는 법을 알려주고 싶어서
레시피를 쓸 때 신경을 제일 많이 쓴 부분이
단순히 불 세기만 알려주고 넘어가지 않고
지금 단계에서 원하는 목적이 정확히 뭐고
그걸 위해서 어떤 불에서 얼마나 오랫동안
어떤 근거를 갖고 불 조절을 하면 되는지
최대한 자세하게 작성하려고 노력했어요.

요리 초보자는 약간 어려움을 느낄 것 같아서
불 조절과 관련된 제 요리 팁을 요약해 봤어요.

센불 | 빠르게 물 끓이기
→ 파스타 삶는 물을 끓일 때
→ 요리에 물을 붓고 다시 끓일 때

중불 | 수분이 많은 재료 요리하기
→ 채소를 볶을 때
→ 파스타에 면수를 넣고 볶을 때

약불 | 뜨거운 상태 유지하기
→ 파스타/감자를 삶을 때
→ 토마토소스 졸일 때, 수프 끓일 때

이탈리아 사람들은 파스타를 왜 이렇게 조금 먹어요?

영상에 정말 자주 달리는 댓글 중 하나가
파스타 겨우 요만큼 먹고 배가 차냐는 건데요.
한국 사람이 보기엔 양이 적다고 느끼나 봐요.

일반적으로 파스타는 1인분 정량이 80g이고
최대 90g까지도 가능하지만 좀 많은 편인데요.
이탈리아 식사에서 파스타는 첫 번째로 먹고
그다음에 메인 요리를 두 번째로 먹거든요.
파스타를 먹자마자 메인 요리를 또 먹어야 돼서
약간 부족한 것 같은 80g이 정량이 됐고
평소에도 그만큼만 먹는 게 습관이 된 거예요.

물론 양이 적으면 파스타 양을 늘릴 수도 있지만
빵 한 쪽을 곁들여 먹거나 샐러드를 곁들여도 좋아요.

파스타 80g 정량에도 가끔 예외가 있는데요.
챕터 2 토마토소스 파스타나 제노베제 파스타처럼
소스나 건더기가 많으면 파스타 80g이 적당한데
알리오 올리오처럼 파스타 딱 하나밖에 없을 땐
아예 파스타 110g까지 더 많이 삶아 먹어요.

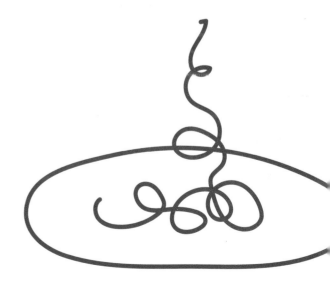

LOVE yourself

혼자서 간단히 요리하기 좋은 1인용 레시피

아무리 바쁘고 힘들어도
맛있는 음식으로 스스로를 사랑해요.

처음 한국에 와서 살이 정말 많이 빠졌어요.

어학당 다니느라 대학교 근처 고시원에서 살았는데요.
그때는 뭐든지 처음이라 나름 재밌게 살았지만
지금 생각하면 정말 열악한 환경이었어요.

안 그래도 혼자 사는데 성향도 완전 집순이라
맛있는 밥 챙겨 먹을 생각은 애초에 하지도 않아서
그냥 고시원에서 공짜로 주는 김치와 밥으로
맨날 김치볶음밥 해 먹거나 편의점 김밥만 먹었어요.

나중에 남자친구를 만나고 세 번째 데이트 때
성수동 최고의 피자집 마리오네에 갔는데
이탈리아 사람은 무조건 1인 1피자거든요.
근데 그 맛있는 피자를 겨우 반밖에 못 먹을 정도로
위가 완전히 줄어들어서 진짜 충격받았어요.
(한국인 기준 1인 1김밥도 못하는 느낌)

살은 쭉쭉 빠졌지만 그만큼 건강도 잃었어요.
나를 사랑하지 않은 거예요.

나중에 고시원을 떠나 원룸으로 옮기고 한국에 적응하면서
마음의 여유도 생기자 다시 이탈리아 음식이 생각났어요.
원룸에서도 만들 수 있는 간단한 요리부터 하나둘,
점점 잃어버렸던 요리의 재미를 다시 찾았어요.

미뇨끼 채널의 구독자는 확실히 20대 30대가 많은데요.
생각해 보니 한국에 처음 왔던 제가 그랬던 것처럼
인생에서 중요한 일을 처음 하거나 이제 막 시작해서
너무 바쁘고 지쳐 스스로를 사랑하는 법을 잊은
과거의 저와 같은 사람이 많을 것 같다고 생각했어요.

그래서 첫 번째 챕터의 제목 "LOVE yourself"는
아무리 바쁘고 힘들어도 맛있는 음식으로
스스로를 사랑하자는 의미로 지어 봤어요.

작은 원룸에서 겨우겨우 요리했던 제 경험을 되살려
혼자서 쉽고 빠르게 만들 수 있는 레시피만 골랐는데요.
물론 사람마다 난이도는 다르게 느낄 수 있지만
다른 레시피에 비하면 쉽다고 생각해요.

모든 레시피는 1인분 기준으로 작성했고요.
제 입맛에 맞춰 레시피 하나하나 직접 테스트했고
누구든 쉽게 구할 수 있는 재료 위주로 썼어요.
가끔 어떤 레시피는 특별한 재료를 쓸 때가 있는데
그거 하나만 있으면 너무 쉽게 맛있는 음식이 돼서
절 믿고 한번 도전해 봤으면 좋겠어요.

그럼 챕터 1 시작!

🔊 알리오, 올리오 에 페페론치노

Aglio, olio e peperoncino

식당에서 제발 찾지 마세요
알리오 올리오

알리오 올리오는 제일 쉽고 간단한 파스타지만
의외로 한국에선 오해가 좀 있는 것 같더라고요.

*진짜 알리오 올리오는 기름이 흥건하지 않고
파스타를 팬에 옮겨 면수를 붓고 전분을 뽑고
물과 오일의 비율은 3:1이 제일 좋고...*

봉골레 파스타는 정확히 이렇게 만드는 게 맞지만
알리오 올리오를 이렇게 만드는 건 처음 들어봤어요.

이탈리아 사람들이 평소에 먹는 알리오 올리오는
배가 고파서 냉장고 열어봤는데 아무것도 없어
냅다 옆에 있는 올리브오일 잡아다 마늘 향 내고
파스타 휘리릭 볶아, 플레이팅 그런 거 없이
대충 그릇에 부어 유튜브 보면서 우적우적 씹어 먹는
바로 이 감성이 이탈리아 알리오 올리오거든요.

하지만 특별한 음식을 꼭 내야만 하는 레스토랑은
주문받는 식당 입장에서도 사실 곤란하기 때문에
면수나 치즈를 넣는 등 창의력을 발휘할 수 있겠지만
사실 맛을 떠나 알리오 올리오는 이런 맥락 때문에
이탈리아 사람들은 절대로 식당에서 찾지 않아요.

『나의 미뇨끼 레시피북』 첫 번째 메뉴인 알리오 올리오는
제가 평생 먹어온 그대로 최대한 간단하게 만들어봤어요.

Chapter 1

Ingredient 🍶

- ○ 마늘 4쪽

  한국 마늘은 좋아하는 만큼 많이 넣어도 괜찮아요.

- ○ 페페론치노 1/2스푼 또는 태국고추 1개

  크러시드 레드페퍼는 쓰기 편하고
  태국고추도 대체 재료로 추천해요.

- ○ 스파게티 110g

- ○ 다진 이탈리안 파슬리 1스푼(4g)

  줄기는 안 쓰고 잎만 다져서 써요.

- ▿ 올리브오일
- ▿ 소금

❶ 마늘은 편으로 썬다.

❷ 태국고추(프릭키누)는 송송 썬다.
　　보통 페페론치노를 많이 쓰지만, 색도 예쁘고 식감도 좋아 저는 태국고추를 즐겨 써요.

❸ 끓는 물에 소금을 크게 한 주먹 넣고 스파게티를 넣어 삶는다.
　　나중에 더 익히지 않으니 먹기 좋게 삶는다.

❹ 팬 바닥을 뒤덮을 정도로 올리브오일을 붓고,
마늘을 넣어 중불에서 볶는다. 올리브오일이
끓기 시작하면 태국고추를 넣는다.

⚠ 마늘이 너무 갈색으로 변하지 않게 조심하고
태국고추(페페론치노)는 살짝만 볶아요.

❺ 마늘 향이 나면서 색이 갈색으로 살짝 변하면
바로 스파게티를 넣고 볶는다. 먹어보고
싱거우면 소금으로 간한다.

만약 스파게티를 아직 삶는 중이라면 불을 끄고 기다려요.

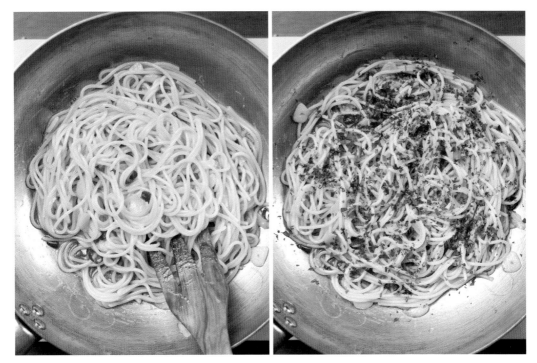

❻ 스파게티 겉면을 기름에 지지듯 충분히 볶은 후 파슬리를 넣고 섞는다.

물기를 날려서 스파게티 겉면이 살짝 말라야 맛있어요.

🔊 카펠리니 알 수고

Capellini al sugo

뜨거운 태양을 드릴게요

토마토 카펠리니

뜨거운 태양 아래 시원한 바람이 스치는 여름
신선한 토마토로 뚝딱 만드는 토마토 파스타입니다.

이탈리아의 여름은 신선한 토마토로 가득한데요.
저희 삼촌이 밭에서 직접 토마토를 한가득 따오면
할머니는 순식간에 파스타로 만들어주셨는데
적어도 일주일에 한 번은 꼭 먹을 정도로
여름에 특히 맛있는 파스타 중 하나예요.

토마토 파스타 대부분은 캔 토마토로 만든 거라
생토마토 파스타는 어떻게 다를지 궁금할 텐데요.
신선한 토마토를 20분 이내로 짧게 끓여
산뜻한 맛과 가벼운 바디감이 도드라지는
또 다른 장르의 토마토 파스타예요.
(왜 무더운 여름에 최고인지 알겠죠?)

할머니는 항상 얇은 카펠리니로 만들어주셨는데요.
소스 자체가 가볍고 산뜻한 느낌이기 때문에
카펠리니처럼 얇은 파스타를 꼭 써야 그 느낌이 살아요.

또한 아무 토마토로 만들 순 없다는 사실!
한국 토마토는 보통 수분이 많고 식감이 물러서
맛있는 소스 만들기엔 적당하지 않더라고요.
모든 토마토를 아직 먹어보진 못했지만 제 경험상
대저/짭짤이/달짝이토마토가 가장 괜찮았어요.

Ingredient 🍶

- 양파 10g
- 당근 5g
- 셀러리 5g
- 토마토 250g(약 2~3개)
  ⚠ 단단하고 물기가 적은 요리용 토마토를 쓰세요.
  대저, 짭짤이, 달짝이 3종을 추천해요.
- 소금 1.5g
- **카펠리니 80g**
- 바질잎 4장

▿ 올리브오일

❶ 양파, 당근, 셀러리를 곱게 다진다.
   채소 입자가 작을수록 소스와 잘 어우러져요.

❷ 토마토 꼭지 반대편에 열십자(+)로 칼집을 낸다. 끓는 물에 30초간 데친 후 찬물에 식혀 껍질을 벗긴다.
껍질을 벗기면 부드럽지만, 이탈리아 레시피는 껍질을 제거하지 않아요. 귀찮으면 생략해도 돼요.

❸ 토마토를 반으로 썰어 초록색 심지를 제거한 후 작게 썬다. 체에 받쳐 물기를 제거한다.
한국 토마토는 수분이 많아서 물기를 빼줘야 딱 좋아요.

❹ 팬에 올리브오일을 넉넉히 두르고 양파, 당근,
셀러리를 넣어 향이 날 때까지 중불로 볶는다.

❺ 뚜껑을 닫고 약불로 줄여 채소가 부드러워지게
찌듯이 5분간 익힌다.
채소가 소스와 완벽히 어우러지는 과정이에요.

❻ 뚜껑을 열고 토마토를 넣어 중불에서 수분이 충분히 나올 때까지 볶는다.

❼ 소금으로 간한 후 더 끓이면서 수분을 날린다.

⚠ 너무 오래 끓이면 신선한 맛이 사라져요. 총 15~20분 정도면 충분해요.

❽ 동시에 끓는 물에 소금을 크게 한 주먹 넣고
카펠리니를 넣어 삶는다.

면은 취향에 맞게 알 덴테로 삶아도 좋고 푹 삶아도 돼요.

❾ 소스가 충분히 꾸덕꾸덕해지면 불을 끄고,
바질을 넣어 가볍게 섞는다.

바질을 손바닥으로 박수 치듯 콱 쳐서 넣으면
향이 더 강해져요.

⓮ 만들어둔 소스에 삶은 카펠리니를 넣고 버무린다.

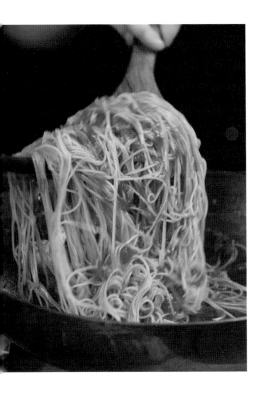

⓫ 플레이팅한 후 팬에 남은 소스와 바질을 올리고
올리브오일을 한 바퀴 둘러 완성한다.

◁)) 브루스케따

Bruschetta

세상에 니쁜 브루스케따는 없다
브루스케따

세계에서 제일 유명한 이탈리아 애피타이저!
그냥 빵 한 쪽에 토마토 올린 게 다인데도
워낙 맛있어서 이탈리아 사람들이 정말 좋아하는데요.

유독 한국에서는 인기가 없어서 왜 그런가 했더니
이래서 별로 인기가 없구나 싶을 정도로
레시피가 좀 많이... 잘못 알려져 있더라고요.

완벽한 브루스케따의 두 가지 비밀을 알려줄게요.

❤ 식빵/바게트가 아닌 크고 넓적한 "사워도우"로 만든다.
정말 빵이 전부인 요리라 무조건 빵이 맛있어야 해요.
식빵이나 바게트가 구하기 쉬운 건 알지만
구수한 풍미는 사워도우를 따라올 빵이 없어요.

❤ 올리브오일 듬뿍 뿌려 노릇노릇하게 굽는다.
브루스케따는 절대 축축하고 눅눅한 빵이 아니에요.
바삭하고 노릇하게 구운 빵은 그 자체로도 맛있지만
딱딱한 빵이 토마토 국물을 머금으면 최고의 식감이에요.

두 가지 원칙만 지키면 토핑은 자유롭게 올려도 되는데요.
나중에 응용할 수 있게 가장 기초적인 레시피를 소개할게요.

Ingredient 🧂

- 사워도우 1cm 슬라이스 2개
- 토마토 200g
- 소금 2꼬집(1.7g)
- 마늘 1쪽

- 올리브오일
- 말린 오레가노
- 바질잎

❶ 사워도우를 1cm 두께로 준비한다.

❷ 토마토는 작게 썬다.

❸ 볼에 토마토, 소금, 올리브오일, 오레가노를 넣고 잘 섞어 맛이 배도록 5분간 재운다.

❹ 팬에 올리브오일을 넉넉히 붓고 사워도우를 올려 약불에서 앞뒤로 노릇노릇하게 천천히 굽는다.
쉽게 탈 수 있으니 주의한다.
⚠ 타기 직전까지 노릇하게 구워야 맛있어요.

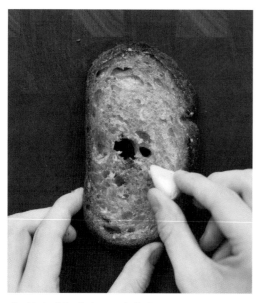

❺ 살짝 식은 사워도우 위에 마늘을 올려
겉면을 잘 긁는다.
사워도우의 딱딱한 표면에 마늘이 자연스럽게 갈려요.

❻ 그 위에 만들어둔 토마토 토핑을 1/2씩 올린다.

❼ 볼에 남은 토마토 국물을 숟가락으로 끼얹는다.
딱딱했던 사워도우가 수분을 흡수하면서 '겉촉속바'가 돼요.

❽ 플레이팅한 후 바질을 올린다.

LOVE yourself

🔊 파스타 콘 주키네 에 감베리

Pasta con zucchine e gamberi

조용한 재료들의 반전 매력 파스타
애호박 새우 파스타

조회수 대박 날지 전혀 몰랐던 파스타예요.
냉장고에 있는 평범한 재료인 애호박과 새우로
당장 간단하게 따라 하기 좋아서 그렇겠죠?

제가 한국에서 제일 좋아하는 채소가 애호박인데요.
제철인 여름이면 애호박 단맛이 정말 좋고
가격도 엄청 싸서 잊지 않고 냉장고에 쟁여둬요.
새우야 냉동실에 항상 있으니 걱정 없고요.

하지만 꼭 얘기하고 싶은 게 있는데요.
재료가 간단해서 완전 쉬워 보이지만
오히려 대충 만들면 안 되는 파스타예요.

애호박과 새우가 워낙 잘 어울리지만
그 자체로는 둘 다 풍미가 약하기 때문에
따로따로 요리해 추가로 맛을 입혀주고
중간중간 소금간도 각각 해 줘야 돼요.

마지막의 레몬 제스트가 선택이 아닌 필수인 것도
자기주장이 약한 조용조용한 친구들에게
화려한 드레스를 입혀주는 중요한 과정이라 그래요.

전혀 어렵진 않지만 하나하나 따라 하다 보면
생각했던 것보단 시간이 걸릴 수 있는데요.
평범한 재료가 어느새 특별한 음식이 되는
요리의 진정한 재미를 느낄 수 있을 거예요.

Ingredient 🥄

- 애호박 150g
- 양파 50g
- 숏파스타 90g
- 가염 버터 15g
- 다진 마늘 10g
- 냉동 새우 100g
- 소금 약간
- 레몬즙 1스푼

▾ 올리브오일
▾ 레몬 제스트

❶ 애호박은 반달 모양으로 얇게 썰고 양파는 곱게 다진다.

❷ 끓는 물에 소금을 크게 한 주먹 넣고 숏파스타를 넣어 충분히 부드럽게 삶는다.
　나중에 더 익히지 않으니 먹기 좋게 삶는다.

❸ 그 사이 팬에 버터를 넣어 녹인 후 다진 마늘을
　넣고 중불에서 살짝 볶는다.

❹ 새우를 넣고 소금으로 간한 후 앞뒤로
　노릇노릇하게 익힌다. 잘 익으면 불을 끄고
　레몬즙을 뿌려 다른 접시에 옮겨둔다.

❺ 새우를 구워낸 팬에 올리브오일을 두르고, 양파를 넣어 투명해질 때까지 중불에서 볶는다.

❻ 애호박을 넣은 후 바로 물을 약간 붓고 노릇노릇하게 볶는다.
처음에 수분이 있어야 애호박이 잘 익고, 수분이 점점 날아가면서 노릇노릇해져요.

❼ 파스타를 넣고 면수를 한 국자 넣어 중불에서 촉촉할 때까지만 볶은 후 불을 끄고 레몬 제스트를 넣는다.

❽ 플레이팅한 후 새우를 보기 좋게 올리고 레몬 제스트를 한 번 더 뿌린다.
집에 핑크페퍼가 있다면 함께 올려보세요. 플레이팅이 더 풍성해져요.

🔊 부로 에 알리치

Burro e alici

바다와 육지의 만남
버터 앤초비 파스타

버터 앤초비 파스타는 보통 레스토랑 메뉴에 없는
주로 집에서만 먹는 정말 평범한 파스타인데요.

알리오 올리오가 이탈리아 "집"에 꼭 있는
올리브오일과 마늘 딱 2가지로 만든다면
이건 이탈리아 "냉장고"에 꼭 있는
버터와 앤초비 딱 2가지로 만들어요.

생소한 조합이라 거리감이 느껴질 수 있지만
천연 MSG 감칠맛 폭탄인 앤초비의 강한 맛을
은은한 버터에 골고루 녹여서 소스를 만들면
부드럽고 감칠맛 가득한 파스타로 탈바꿈하거든요.

오히려 굴소스, 참치액 같은 해물 감칠맛을 사랑하는
한국인 입맛에 정말 정말 최고인 파스타예요.
개인적으로 알리오 올리오보다 더 맛있다고 생각해요!

버터는 가염/무염 어떤 걸 써야 할지 항상 물어보시는데
집에서 요리할 때는 둘 다 상관없다고 생각해요.
대신 그만큼 입맛에 맞게 소금간을 해 주세요.

Ingredient 🍴

- 스파게티 90g
- 가염 버터 45g
- 마늘 1쪽 다진 것
- 앤초비 3마리

  앤초비페이스트(8g)를 사용해도 좋아요.
- 다진 이탈리안 파슬리 1스푼(4g)

▽ 레몬 제스트 약간

❶ 끓는 물에 소금을 크게 한 주먹 넣고
스파게티를 넣어 알 덴테로 삶는다.

❷ 스파게티를 삶는 동안 팬에 버터를 넣고
중불에서 녹인 후 다진 마늘을 넣어 살짝 볶는다.

❸ 앤초비를 가위로 최대한 잘게 잘게 잘라 넣는다.

앤초비를 칼로 곱게 다지면 더 좋지만, 가위를 쓰면 뒷정리가 훨씬 깔끔해요.

❹ 바로 면수를 두 국자 넣고 앤초비가 수분을 머금어 부드러워질 때까지 약 3분간 끓인다.

물이 부족하면 면수를 한 국자씩 보충해 주세요.

LOVE yourself

❺ 스패츌러로 앤초비를 으깨면서 소스가 걸쭉해질
때까지 저어가며 끓인다.

앤초비가 수분을 머금으면 쉽게 부서져요.
크림소스를 만들 듯 앤초비를 완전히 녹여요.

❻ 알 덴테로 삶은 스파게티를 넣고 볶는다.

❼ 면수를 한 국자 더 넣고 중약 불에서 볶다가
소스가 크리미해지면 불을 끈다.

불이 너무 세면 수분이 날아가 기름만 남아요.

❽ 다진 파슬리를 넣고 비빈다.

❾ 플레이팅한 후 팬에 남은 소스를 끼얹고 레몬 제스트를 뿌린다.

◁» 파스타 알 살모네

Pasta al salmone

80년대 클래식
연어 크림 파스타

1980년대 이탈리아를 상징하는 연어 크림 파스타!
풍요의 시대인 80년대는 음식에도 영향을 미쳤는데요.
훈제 연어와 크림 같은 고급 식재료가 트렌드로 떠올랐고
욕망을 자극하는 고칼로리 음식들이 앞다퉈 개발됐어요.

화려한 80년대가 이젠 낡은 추억의 한 편이 되었듯
크림은 음식 맛을 해치는 만악의 근원으로 몰려
지금은 당시 음식들이 많이 사라졌어요.
하지만 연어 크림 파스타는 아직도 살아남아
많은 식당에서 여전히 인기 있는 파스타랍니다.

유튜브 영상을 보신 분들은 알겠지만,
제가 어렸을 때 너무너무 좋아했던 파스타라
그 모습을 사진으로 찍은 게 아직도 남아 있는데요.
그때 먹었던 그대로 깔끔하게 만들어봤어요.

오늘은 나비처럼 생긴 파르팔레를 써봤는데요.
가운데 심지는 두껍고 끝 부분은 얇은 모양이라
삶았을 때 다양한 식감이 공존하는 재미가 있어요.
펜네 같은 다른 숏파스타를 써도 좋아요!

Ingredient 🍶

○ 양파 40g

○ 훈제 연어 60g

○ 파르팔레 80g(또는 다른 숏파스타)

○ 생크림 120g
   파스타용 생크림은 약간 꾸덕꾸덕한 제품이 좋아요.

○ 다진 이탈리안 파슬리 1스푼(4g)

▿ 올리브오일

▿ 소금

▿ 후추

❶ 양파는 곱게 다진다.
   양파는 최대한 곱게 다질수록 소스에 잘 어우러져요.

Chapter 1

❷ 훈제 연어는 큼직하게 썬다.

익히면서 부술 거라 큼직하게 썰어야
나중에 크기가 딱 맞아요.

❸ 끓는 물에 소금을 크게 한 주먹 넣고 파르팔레를
넣어 삶는다. 나중에 더 익히지 않으니 먹기 좋게
삶는다.

❹ 그 사이 팬에 올리브오일을 약간 두르고
양파를 넣어 중불에서 향이 날 때까지 볶는다.

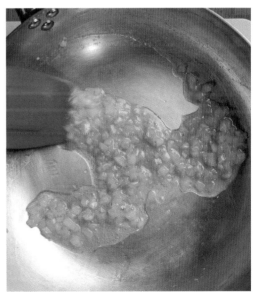

❺ 면수 한 국자를 넣고 뚜껑을 닫아 양파가
녹아들게 푹 찌듯이 약 5분 정도 끓인다.

❻ 뚜껑을 열고 훈제 연어를 넣어 겉이 살짝
익을 때까지 볶은 후 생크림을 넣는다.

❼ 중불에서 졸이듯 끓이면서, 스패츌러를 이용해
훈제 연어를 파르팔레 크기로 부순다.

❽ 불을 끄고 파르팔레를 넣어 잘 비빈다.
생크림으로 원하는 농도로 맞춘다.

시간이 갈수록 소스가 뻑뻑해질 수 있어요.
그럴 때 생크림을 추가해 농도를 맞춰요.

❾ 소금, 후추, 파슬리를 뿌려 잘 섞은 후
플레이팅한다.

◀))) 파스타 알라 발도스타나

Pasta alla valdostana

알프스식 크림치즈 파스타
폰탈치즈 파스타

알프스 하면 당연히 요들송 신나게 부르면서
풍듀 찍어 먹는 배 나온 스위스 아저씨가 생각나지만
알프스는 넓은 지역에 분포한 거대한 산맥인 만큼
이탈리아 북부도 알프스로 유명한 지역이 있어요.

이탈리아의 대표적인 알프스 지역
Valle d'Aosta[발레-다-오스타]는 요들송은 없지만
대신 "폰티나"라는 유명한 전통 치즈가 있고
현대적으로 개량한 "폰탈"치즈가 전국에 유명한데
한국에서도 온라인으로 쉽게 구매할 수 있더라고요.

굳이 이거 하나 하려고 폰탈 치즈 사야 하냐고요?

챕터 1 초반부 에세이에 제가 말했던 것처럼
일부러 사야 하는 특이한 재료를 부득이하게 쓰는 건
정말 이거 하나만 있으면 너무 쉽고 빠르게
식당보다 더 맛있는 파스타를 만들 수 있어서 그래요.
눈 딱 감고 저를 믿어보세요!

원래 오리지널 레시피는 프로슈토 꼬또를 쓰는데
한국에서는 구하기 어려우니 굳이 쓰지 말고
돼지고기 함량 95% 이상의 냉장 햄을 추천할게요.
대신 스팸은 우리 쓰지 말아요. 약속~

Ingredient 👤

○ 냉장 햄 50g
　퀄리티가 최대한 좋은 햄을 쓰세요.
○ 폰탈치즈 50g
○ 펜네 90g
○ 가염 버터 15g
○ 생크림 90g

❶ 햄은 작은 큐브로, 폰탈치즈는 얇게 썬다.

❷ 끓는 물에 소금을 크게 한 주먹 넣고 펜네를 넣어
   삶는다. 나중에 더 익히지 않으니 먹기 좋게
   삶는다.

❸ 팬에 버터를 넣어 녹인 후 햄을 넣고 노릇해질
   때까지 볶는다.

❹ 생크림, 폰탈치즈를 넣고 중불에서 치즈가 녹을 때까지 저어가며 끓인다.
   소스를 따로 졸이지 않아도 꾸덕하니 너무 오래 끓이지 마세요.

LOVE yourself

❺ 삶은 펜네를 넣고 불을 끈 후 잘 섞는다.

❻ 플레이팅한 후 소스를 끼얹는다.

◁》 뇨끼 알 고르곤졸라

Gnocchi al gorgonzola

제일 간단한 요리 중 제일 맛있는 음식
고르곤졸라 뇨끼

밀라노에서 차 타고 동쪽으로 30분만 나가면
'고르곤졸라Gorgonzola'라는 작은 동네가 있는데
바로 그 유명한 고르곤졸라 치즈가 탄생한 곳이에요.
밀라노 사람들은 당연히 고르곤졸라를 사랑하고
이를 활용한 파스타나 리조또 요리가 많은데요.

고르곤졸라 뇨끼는 초간단 초스피드 요리 전문가이자
밀라노 토박이인 제 아빠의 필살기 요리예요.
아빠는 요리를 잘하는 사람이 절대 아니지만
재료만 있다면 정말 10분이면 끝나는 요리라
이거 하나는 제대로 배워서 잘 써먹고 있어요.

대신 고르곤졸라 '돌체Dolce'로만 만들 수 있어요!

왜 그런지는 모르겠지만 한국에 알려진 고르곤졸라는
오래 숙성해서 냄새나고 딱딱한 "피칸테Piccante"인데요.
짧게 숙성한 "돌체"는 고르곤졸라 크림치즈일 정도로
부드러운 맛에 크리미한 질감이라 요리에 엄청 많이 써요.

돌체와 피칸테는 그냥 맛 자체도 차이가 크지만
치즈가 생크림에 녹아야 꾸덕한 소스가 되는데
제대로 안 녹는 피칸테는 대체가 아예 불가능해요.

Ingredient 🍴

- ○ 호두 15g
- ○ 우유 70g
- ○ 고르곤졸라 돌체 70g
  ⚠ 고르곤졸라 피칸테 X
- ○ 뇨끼 200g

▽ 후추 약간

❶ 호두는 식감을 살려 너무 잘지 않게 칼로 다진다.

❷ 팬에 우유, 고르곤졸라 돌체를 넣고 중불에서 꾸덕꾸덕해질 때까지 저어가며 녹인다.
치즈 껍질은 안 녹으니 속살만 쓰고, 파란 부분은 원래 안 녹으니 걱정 마세요.

❸ 동시에 끓는 물에 소금을 크게 한 주먹 넣고
뇨끼를 넣어 약 2~3분간 삶는다.
뇨끼가 둥둥 떠오르면 다 익은 거예요.

❹ ②의 고르곤졸라 소스에 뇨끼를 넣어 섞고
약불로 줄인다.

❺ 원하는 농도로 꾸덕꾸덕하게 졸인다.

❻ 불을 끄고 후추를 뿌려 잘 섞는다.
플레이팅하고 마지막으로 호두를 올린다.

🔊 스칼로피네 알 리모네

Scaloppine al limone

상큼발랄 초간단 레몬치킨
레몬소스 닭가슴살

어릴 때부터 저는 고기를 별로 안 좋아했는데요.
특히 닭고기는 제 기피 대상 1호였어요.
뭔가 냄새도 좀 나고 물컹한 껍질이 씹히는 게
입 짧은 아이 입맛에 안 맞았나 봐요.

그래서 할머니는 닭고기 요리를 하는 날이면
비교적 깔끔한 맛의 닭가슴살을 반으로 갈라
밀가루를 양쪽으로 묻혀 버터에 은은히 굽고
제가 사랑하는 레몬을 듬뿍 뿌려서 주셨어요.

어른이 된 지금도 닭고기는 별로 안 좋아하지만
이 요리만큼은 여전히 좋아한답니다.

이 요리의 포인트는 산뜻한 레몬소스인데요.
생크림을 넣은 무거운 크림소스가 아니라
버터, 밀가루, 육즙이 자연스럽게 섞여
맑고 투명한 가벼운 느낌이 닭고기에 잘 어울려요.

이탈리아 사람들은 레몬에 내성이 있어서
오리지널 레시피는 1인분에 레몬 1개가 기본인데요.
한국인 입맛에는 컥컥댈 정도로 너무 시큼해서
레몬 양을 절반으로 줄여봤으니 취향 따라 조절하세요!

Chapter 1

Ingredient 🍴

- 레몬 1/2개(또는 레몬즙 15g)
- 닭가슴살 1장
- 밀가루 약간
- 가염 버터 20g
- 소금 약간
- 후추 약간
- 다진 이탈리안 파슬리 1/2스푼(2g)

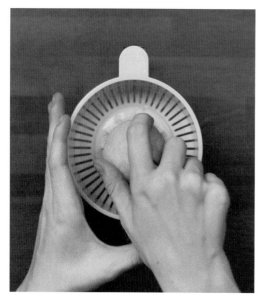

❶ 레몬즙을 짠다.

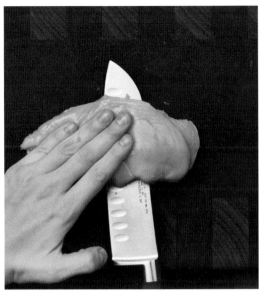

❷ 닭가슴살은 칼로 포를 뜨듯 반으로 저며 2장으로 나누고 비닐 랩으로 덮은 후
유리병 바닥으로 두들겨 얇고 평평하게 만든다.

❸ 닭가슴살 앞뒤로 밀가루를 골고루 묻힌다.

❹ 팬에 버터를 넣고 타지 않게 잘 녹인 후 닭가슴살을 올린다. 소금, 후추를 골고루 뿌린 후 중불로 굽는다.

⚠ 남은 버터로 소스를 만들어야 하니, 절대 타지 않게 조심하세요.

❺ 닭가슴살 한쪽 면이 노릇노릇해지면 약불로 줄이고 뒤집는다. 약 1분 정도 굽고 레몬즙을 뿌린다.

⚠ 고기가 얇아서 양쪽 면을 노릇노릇하게 구우면 오래 걸려서 퍽퍽해져요.
한쪽 면을 완전히 노릇노릇하게 굽고, 다른 한 면은 아주 살짝만 익혀요.

❻ 집게로 닭가슴살을 집어 팬 바닥에 생긴 소스를 잘 비벼가며 섞는다.

밀가루, 버터, 육즙, 레몬즙이 섞여 맛있는 소스가 만들어져요.

❼ 접시에 옮긴 후 팬에 남은 소스, 다진 파슬리,
후추를 뿌린다.

◁ 리조또 아이 풍기

Risotto
ai funghi

이탈리아 국가대표 리조또
버섯 리조또

리조또는 정말 유명한 이북(?) 음식이에요.

이탈리아 북부는 지리적으로 풍부한 수량 덕분에
쌀을 재배하고 리조또를 먹는 전통이 이어져왔는데요.
저도 밀라노 출신이라 리조또 DNA를 타고났는지
리조또를 정말 사랑하고 특히 버섯 리조또를 좋아해요.

이탈리아 레스토랑 메뉴로도 쉽게 찾아볼 수 있고
집에서도 자주 만들어 먹는 인기 최고 리조또인데요.
아무래도 이탈리아 쌀과 한국 쌀의 식감이 다르다 보니
많은 분들이 리조또를 까다롭게 생각하시는 것 같아요.
물론 한국 쌀로 만든 리조또는 살짝 다르긴 하지만
여러 가지 다양한 리조또 스타일 중 하나라고 생각해요!

그런 만큼 레시피를 최대한 자세하게 써보려고 했는데요.
테스트를 하면 할수록 느낀 게 변수가 너무 많다는 거였어요.
예를 들면 재료 상태나 불 조절, 냄비 재질과 크기 등
제가 쓴 레시피의 중량과 조리 시간을 정확히 따라 해도
레시피 원작자인 저조차 결과물이 매번 다르더라구요.

리조또만큼은 중간중간 직접 먹어보고 느껴보면서
취향에 맞는 상태가 되면 접시에 옮겨 완성하세요!

Ingredient ☘

- ○ 표고버섯 3개(밑동 포함 약 70g)

    맛있는 버섯이면 다 괜찮아요.

- ○ 양파 50g(1/4개)
- ○ 파마산 치즈 15g
- ○ 소금 3꼬집(2.5g)

    버섯 볶을 때, 쌀 볶을 때 나눠 넣어요.

- ○ 신동진쌀 70g

    보는 한국 쌀을 써보진 않았지만, 신동진쌀 만족스러워요.
    리조또 쌀은 씻지 않고 그대로 넣어요.

- ○ 화이트와인 30g
- ○ 가염 버터 15g
- ○ 다진 이탈리안 파슬리잎 1스푼(4g)

채수용
- ○ 양파, 당근, 셀러리 조금
- ○ 물 400g

❖ 올리브오일

❶ 냄비에 올리브오일을 약간 두르고 채수용 양파,
당근, 셀러리를 넣어 볶는다.

애매하게 남은 채소의 끝부분을 평소에 모아뒀다가
이때 쓰면 좋아요.

Chapter 1

❷ 물(400g)을 붓고 센불에서 끓인다.

❸ 버섯은 밑동을 뗀 후 0.5cm 두께로 썬다.
버섯 밑동은 따로 보관한다.

❹ 채수가 끓기 시작하면 버섯 밑동을 넣고
약불로 따뜻하게 유지한다.

리조또는 쌀 요리라 채수 또는 육수가 중요해요.
간단한 채수만 넣어도 맛이 훨씬 좋아져요.

❺ 채수가 우러나는 동안 양파, 파슬리를 곱게 다지고, 파마산 치즈를 미리 갈아둔다.

❻ 다른 냄비에 올리브오일을 넉넉히 두른 후 양파를 넣고 부드럽고 투명해질 때까지 중불에서 볶는다.

❼ 버섯과 물 한 국자, 소금을 넣고 버섯이 부드러워질 때까지 볶는다.
표고버섯은 수분이 적어서 물을 넣어야 잘 익어요.

❽ 쌀을 넣어 잘 섞은 후 화이트와인을 넣고 중불에서 알코올이 날아가도록 약 1분간 끓인다.

❾ 따뜻한 채수 세 국자를 넣고, 약불에서 천천히 익힌다. 이때부터 약 17~20분간 익힌다.
중간중간 채수를 보충하고 가끔씩 섞어준다.

⚠ 채수는 전부 쓸 필요 없어요. 원하는 식감에 가까워지면 채수를 그만 넣어요.

🔟 물기가 거의 사라지면 불을 끄고 버터를 넣는다. 파마산 치즈를 조금씩 뿌려가며 계속 잘 저어준다.

⚠️ 버터를 넣기 전에 물기가 너무 많으면 안 돼요.

⓫ 다진 파슬리를 넣고 잘 섞은 후 플레이팅하고 올리브오일을 살짝 뿌린다.

🔊 리조또 알라 페스카토라

Risotto alla pescatora

한국인 취향 저격 리조또
해산물 리조또

이탈리아 현지에서도 인기 만점이면서
한국인 입맛에도 제일 잘 맞는 요리가 있다면
바로 이 해산물 리조또일 거예요.

한국 사람들이 사랑하는 해물의 바다 감칠맛과
파마산 치즈의 육지 감칠맛을 이중으로 쌓고
토마토 페이스트로 약간의 산미와 산뜻함까지 더해
비린 맛 하나 없이 정말 끝없이 들어가거든요.

이 요리는 싱싱하고 좋은 해산물보다는
마트에서 파는 냉동 해산물 믹스가 좋고요.
리조또는 쌀 요리라 육수가 정말 중요해서
레스토랑에서는 직접 만든 생선 육수를 쓰겠지만
집에선 평소에 손질하고 남은 자투리 채소를 모아
뜨거운 물에 채수만 간단히 뽑아도 훨씬 맛이 좋아요.

버섯 리조또와 마찬가지로 리조또는 변수가 많으니까
중간중간 직접 먹어보고 눈으로 확인해 보면서
취향에 맞는 상태가 되면 접시에 옮겨 완성하세요!

Ingredient 🍶

○ 양파 50g

○ 토마토페이스트 1큰술

○ 신동진쌀 70g

○ 화이트와인 30g

○ 냉동 해산물 믹스 100g
　　해동할 필요 없어요.

○ 소금 3꼬집(2.5g)

○ 가염 버터 15g

○ 다진 이탈리안 파슬리 1스푼(4g)

채수용

○ 양파, 당근, 셀러리 조금

○ 물 400g

▽ 올리브오일

❶ 냄비에 올리브오일을 두르고 채수용 양파, 당근, 셀러리를 넣어 볶는다.
　평소 애매하게 남은 채소를 모아뒀다가 이때 쓰면 좋아요.

❷ 물(400g)을 붓고 센불에서 끓인다. 끓기 시작하면 약불로 줄여 따뜻하게만 유지되도록 끓인다.
　리조 또는 쌀 요리라 채수 또는 육수가 중요해요. 간단한 채수만 넣어도 맛이 훨씬 좋아져요.

❸ 채수가 우러나오는 동안 양파를 곱게 다진다.

❹ 다른 냄비에 올리브오일을 넉넉히 두른 후 양파, 소금 한 꼬집을 넣고 향이 날 때까지 중불에서 볶는다.

❺ 토마토페이스트를 넣고 잘 섞는다.

❻ 쌀을 넣어 잘 섞은 후 화이트와인을 넣고 중불에서 알코올이 날아가도록 약 1분간 끓인다.

❼ 따뜻한 채수를 세 국자를 넣고 약불에서 5분간 익힌다.

❽ 해산물 믹스, 소금 두 꼬집을 넣고 채수를 추가하며 12~15분간 천천히 더 익힌다.

⚠ 채수는 전부 쓸 필요 없어요. 원하는 식감에 가까워지면 채수를 그만 넣어요.

❾ 물기가 거의 사라지면 불을 끈 후 버터, 파슬리를 넣고 리조또가 크리미해질 때까지 계속 섞는다.
플레이팅한 후 남은 파슬리를 조금 올린다.
버터를 넣기 전에 물기가 너무 많으면 안 돼요.

LOVE yourself

Share the LOVE

함께 나눠 먹기 좋은 2인용 레시피

세상에서 한 가지 확실한 건
음식은 나눠 먹어야 맛있다는 거예요.

허름한 동네 식당의 좁디 좁은 부엌에서
매일매일 평생을 힘들게 요리했던 할머니는
그 당시 일로 했었던 요리가 정말 징글징글할 텐데도
오히려 은퇴한 지금, 요리하는 걸 좋아하시는데요.
자신이 잘하는 요리를 주위 사람과 함께 나누고
맛있다는 칭찬을 듣는 게 즐겁다고 하시더라고요.

저도 명색이 요리 유튜버지만 사실 게으른 편이라
혼자 있다면 귀찮아서 그냥 배달시킬 때가 많아요.
하지만 누군가와 같이 밥을 먹어야 한다면
오히려 즐거운 마음으로 요리할 때가 많은데요.

두 번째 챕터 [Share the LOVE]의 레시피는
한 번에 2인분 이상 만들어야 더 좋은 음식들이에요.
챕터 1에 비해 확실히 시간과 정성이 더 들어가지만
그만큼 친구나 배우자를 놀라게 할 수 있는 맛이랍니다.
혼자서 만들고 싶다면 레시피를 반으로 줄이지 말고
레시피를 정확히 따라 하고 남은 건 보관하는 걸 추천해요.

챕터 2의 모든 레시피는 2인분 기준으로 작성했는데요.
특성상 토마토소스나 바질페스토 같은 일부 레시피는
한 번에 많은 양을 만들고 보관했다가 꺼내 먹는 음식이라
대용량 레시피와 이를 활용한 2인분 레시피 둘 다 썼어요.

이탈리아 오리지널 레시피를 최대한 지키려고 노력했는데요.
남자친구와 같이 테스트해 본 결과 일부 레시피의 경우
한국인 입맛에 너무 새콤하거나 짠 경우가 있더라고요.
아무래도 이탈리아 사람들은 짠맛과 신맛에 내성이 강해서
똑같은 음식이라고 해도 한국 사람은 분명 다르게 느낄 테니까
오리지널 느낌을 최대한 살리되 짠맛과 신맛을 적절히 보정해서
많은 분들이 호불호 없이 좋아할 수 있게 레시피를 준비했어요.

그럼 챕터 2 시작!

Buonissimo~

◁)) 파스타 에 파졸리

Pasta e fagioli

마음까지 든든한
콩 파스타

왠지 이탈리아 전통 음식이라고 하면
육즙 뚝뚝 흐르는 거대한 티본스테이크,
치즈로 범벅한 꾸덕한 파스타가 생각나지만
사실 전통에 가까울수록 그런 것과 거리가 멀어요.

과거 세상 거의 모든 나라가 그랬듯
이탈리아도 평범한 사람은 항상 가난했고
고기는 어쩌다 한번 구경하는 특별한 식재료였어요.

그 자리를 대신했던 저렴한 단백질인 콩은
모두를 위한 단백질로 오랫동안 인기가 많았고
풍요로운 현재에도 뿌리 깊은 전통으로 남아
콩은 여전히 이탈리아 음식에서 절대 빠질 수 없는
아주 중요한 식재료 중 하나로 남아있어요.

할머니는 최소 일주일에 두 번은 콩 파스타를 드셨는데
식물성 단백질인 콩 특유의 부드러운 든든함과
속을 따뜻하고 편하게 데워주는 느낌 때문일 거예요.

제가 집에서 만들 땐 항상 "pasta mista"를 썼는데요.
여러 가지 종류의 부서진 파스타를 모아놓은 거라
식감이 다양해서 재밌는 수프용 파스타인데요.
한국에선 아직 파는 곳이 없는 것 같더라고요.
대신 디탈리니나 리조 파스타를 추천하고요.
아니면 집에 애매하게 남은 파스타 전부 다 꺼내서
비닐봉투에 넣고 조각조각 직접 부러뜨려 써도 돼요!

Ingredient 👥

○ 베이컨 70g

오리지널 레시피는 고기가 없지만
햄, 베이컨 등을 넣으면 국물 맛이 좋아요.

○ 양파 20g

○ 당근 20g

○ 셀러리 10g

○ 토마토소스 30g(110쪽 참조)

○ 까넬리니빈 1캔(400g)

○ 물 600g

○ 소금 3g

○ 월계수잎 2장

○ 파스타 120g

디탈리니를 추천하고, 또는 남은 파스타를 조각내서 쓰면 돼요!

○ 다진 이탈리안 파슬리 1스푼(4g)

▽ 올리브오일

❶ 베이컨은 한입 크기로 굵직하게 썬다.

❷ 양파, 당근, 셀러리는 잘게 썬다.

❸ 냄비에 올리브오일을 넉넉히 두르고 베이컨을 넣어 노릇하게 굽는다.

❹ 양파, 당근, 셀러리를 넣고 향이 날 때까지 중불로 볶는다.

❺ 토마토소스를 넣고 잘 섞은 후 중불에서 약 2분간 볶는다.

❻ 물기를 미리 제거한 까넬리니빈을 넣고 물을 붓는다. 소금, 월계수잎을 넣고 센불로 끓인다.

❼ 수프가 팔팔 끓으면 파스타를 넣는다. 뚜껑을 연 상태로 센불에서 약 10~15분간 끓인다.
수분이 날아가고 파스타가 익으면서 자연스럽게 농도가 잡혀요.

❽ 플레이팅한 후 파슬리를 뿌리고 마지막으로
올리브오일을 두른다.

◁)) 수고 디 뽀모도로

Sugo di pomodoro

이탈리아 요리의 심장
토마토소스 파스타

이탈리아 사람이 태어나서 처음 배우는 요리가
토마토소스 만드는 법이라고 할 정도로
이탈리아 요리에서 제일 중요한 요소인데요.

그냥 파스타만 비벼도 초간단 한 끼 식사가 되고
관찰레, 올리브, 가지 등 다양한 재료와 조합해서
여러 가지 토마토 베이스의 기출 변형 파스타도 되고
수프나 미트볼 같은 다른 요리의 소스로 쓰기도 좋아요.

예전에 제가 직접 광고한 적도 있지만
개인적으로 캔 토마토는 무띠를 정말 추천해요.
이탈리아에서 제일 유명한 캔 토마토 브랜드인데요.
어떤 캔 토마토는 가끔 너무 시큼한 경우도 있는데
무띠는 은은한 단맛이 돌면서 산뜻한 느낌도 있거든요.

토마토소스는 엄청 쉽지만 시간이 오래 걸려서
아예 날 잡고 2.5kg 캔으로 한 번에 많이 만드세요.
잘 식혀서 유리병에 넣고 냉동실에 보관하면
평소에 걱정 없이 꺼내서 어디든 쓸 수 있어요.

딱 하나 주의하세요!
토마토소스는 당분이 많아서 바닥이 탈 수 있어요.
특히 많이 만들 때 윗면이 제대로 안 끓는다고
답답한 마음에 욕심내서 불 세기를 올리면
불꽃을 바로 받는 아랫면은 타고 있을 수 있어요.
오래 걸려도 약불로 천천히 해야 돼요.

Ingredient

○ 정량 ▿ 취향에 따라 양 조절

토마토소스

- ○ 무띠 토마토 홀 1캔(2.5kg)
- ○ 양파 다진 것 150g
- ○ 당근 다진 것 100g
- ○ 셀러리 다진 것 100g
- ○ 바질잎 3~4장
- ○ 소금 10g

- ▿ 올리브오일

토마토소스 파스타

- ○ 펜네 180g
  다른 파스타를 써도 괜찮아요.
- ○ 토마토소스 200g

- ▿ 올리브오일
- ▿ 파마산 치즈

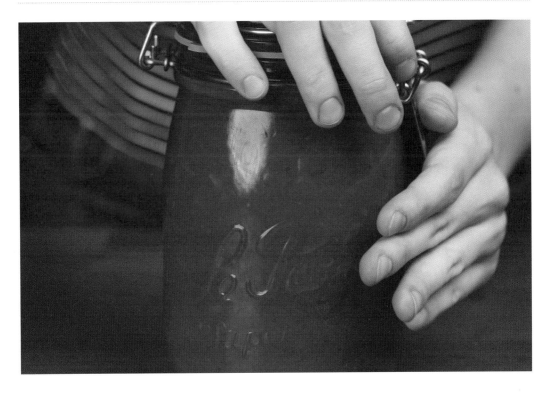

❶ 토마토 홀은 캔을 오픈해 큰 그릇에 전부 옮긴다.
캔에 묻은 것도 물로 씻지 말고 스패츌러로 싹싹 긁어서
전부 넣어요.

❷ 손으로 주물러가며 토마토 과육을 으깬다.
너무 완벽하게 으깰 필요는 없어요.

Share the LOVE

❸ 냄비 바닥을 완전히 뒤덮을 정도로 올리브오일을 넉넉히 붓고 양파, 당근, 셀러리를 넣어
중불에서 향이 날 때까지 볶는다.
어차피 2시간 이상 끓일 거라 오래 볶을 필요는 없고 향을 확실히 내주세요.

❹ 으깬 토마토를 전부 붓고 올리브오일과 잘 섞는다.

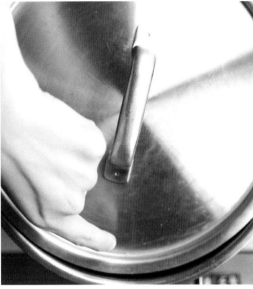

⑤ 토마토가 다시 끓기 시작하면 약불로 줄인다. 뚜껑을 살짝 틈이 있게 닫고
중간중간 바닥까지 잘 긁어 섞어가며 약 2~3시간 끓인다.

⚠ 가끔씩 토마토소스가 끓어오르고 뚜껑 틈 사이로 은은한 스팀이 나오도록 불 세기를 조절하세요.
점점 졸아들면 당분 농도가 높아져서 바닥이 탈 수 있으니 주의하세요.

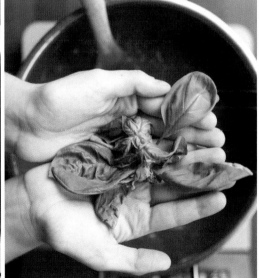

⑥ 원하는 농도가 되면 불을 끈다. 바질을 손바닥으로 쾅 쳐서 넣는다.

사진 속 농도와 비교해 보세요. 너무 되직하게 졸일 필요는 없어요.
바질은 항상 박수 치듯 손바닥으로 내리쳐서 넣어요. 살짝 손상시키면 향이 많이 나요.

❼ 소금간을 충분히 한 후 토마토소스와 잘 섞는다.

❽ 충분히 식혀서 유리병에 담고 뚜껑을 닫아 냉동한다.
냉장 보관 시 약 3주, 냉동은 약 6개월 정도 보관 가능해요.

❶ 끓는 물에 소금을 크게 한 주먹 넣고 펜네를 넣어 삶는다. 나중에 더 익히지 않으니 먹기 좋게 삶는다.

❷ 팬에 만들어둔 토마토소스와 펜네를 넣고 약불에서 따뜻하게 버무린다.

❸ 접시에 담고 파마산 치즈를 갈아 올린 후 약간의 올리브오일을 두른다.

◁╟ 파스타 알 수고 콘 리코타

Pasta al sugo con ricotta

이탈리아 오리지널 로제 파스타
토마토 리코타 파스타

토마토 리코타 파스타는 호불호 없는 토마토소스와
부드럽고 은은한 리코타를 섞은 로제 파스타인데요.
입맛 까다로운 어린아이들이 엄청 좋아해서
이탈리아 엄마들이 많이 만들어주는 파스타예요.

한국은 토마토와 크림을 섞은 로제 파스타가 유명한데
사실 그런 파스타 있다는 걸 한국 와서 처음 알았어요.
이탈리아에 그런 음식은 "공식적으로" 없거든요.

그냥 이탈리아 음식 아니라고 싫어하는 게 아니라
솔직히 둘이 어울리는 조합 아니라고 생각해요.
토마토 맛도 아니고... 크림 맛도 아니고...
둘이 섞였을 때 시너지가 없는 느낌이거든요.

하지만 토마토소스와 리코타는 정말 잘 어울려요.
리코타 자체가 특별한 맛이 없기 때문에
토마토소스의 산뜻한 맛은 그대로 살리면서
오직 질감만 리코타처럼 크리미하게 바꿔주거든요.
숫자로 맛을 표현하면 1+1=2 같은 맛이에요.

미리 만들어둔 토마토소스를 꺼내고
예전에 쓰고 꼭 애매하게 남은 리코타로
쉽게 만들 수 있으니 꼭 만들어보세요!

Ingredient 👥

○ 리가토니 160g

　펜네, 파케리 등 원통형 숏파스타를 추천해요.

○ 토마토소스 200g(110쪽 참조)
○ 리코타 150g
○ 바질잎 약간
○ 올리브오일 약간
○ 후추 약간

▽ 리코타크림

　플레이팅용으로 리코타에 우유를 개면 쉽게 만들 수 있어요.

❶ 끓는 물에 소금을 크게 한 주먹 넣고 리가토니를
　넣어 충분히 부드럽게 삶는다. 나중에 더 익히지
　않으니 먹기 좋게 삶는다.

❷ 그 사이 팬에 토마토소스를 붓고 약불로
　따뜻하게 데운다.

❸ ②의 팬에 잘 삶아진 리가토니를 넣고 섞는다.
약불로 따뜻하게 유지하는 정도로만 가열해요.

❹ 리코타를 넣은 후 따뜻한 면수를 반 국자 부어 잘 비빈다.
원하는 농도가 나올 때까지 면수를 조금씩 추가해 가며 비빈다.
스패출러로 리코타를 잘 으깨주면서 비벼요.

⑤ 플레이팅한 후 리코타크림, 토마토소스 약간과 바질을 올린다.
올리브오일을 한 바퀴 두르고 후추를 뿌린다.

◁)) 파스타 알 페스토

Pasta al pesto

이탈리아 팔도 비빔면
바질페스토 파스타

댓글로 바질페스토 추천해 달라는 질문이 정말 많은데
세상의 모든 바질페스토를 전부 먹어보진 못했지만
솔직히 직접 만든 것보다 맛있는 걸 못 먹어봤어요.

다들 바질페스토를 직접 만들기 어렵다고 생각하지만
저렴한 블렌더만 있어도 집에서 쉽게 만들 수 있고
신선한 맛은 물론 색이나 질감도 훨씬 좋을 거예요.

개인적으로 바질페스토는 냉동이 좋다고 생각하는데요.
신선한 맛이 그대로 유지되고 갈변 현상도 막아주거든요.
저희 할머니는 하루 날 잡고 바질페스토를 만들어서
유리병에 넣고 냉동해서 필요할 때마다 꺼내 쓰는데요.
1년 내내 신선한 페스토로 여러 가지 요리를 할 수 있어요.

바질페스토 영상에 잣이 너무 비싸다는 댓글이 많은데요.
일단 캐슈넛으로 대체 가능하고 대부분 제품은 그렇게 만들어요.
다만 이탈리아 잣도 한국 잣만큼 비싸서 그 맘은 이해하지만
집에서 내가 먹을 음식은 잣을 쓰는 게 좋다고 생각해요.
잣 특유의 고소한 맛은 아무것도 대체할 수 없거든요.

그리고 가장 중요한 얘기인데요.
바질페스토는 절대로 익혀 먹지 마세요!

바질페스토는 들기름 막국수나 멍게 비빔밥처럼
그 자체의 향을 최대한 생으로 만끽하는 음식으로
뜨거운 불에서 파스타 만들 듯 달달 볶아버리면
바질의 향은 날아가고 크리미한 느낌도 사라져요.

Ingredient

바질페스토(약 10인분 분량)

- ○ 바질 100g
- ○ 잣 40g
- ○ 마늘 2쪽
- ○ 소금 3g
- ○ 올리브오일 100g
- ○ 파마산 치즈 30g

바질페스토 파스타

- ○ 스파게티 또는 링귀네 180g
  많이 먹고 싶으면 200g 이상 조리해요.
- ○ 바질페스토 55g

▿ 파마산 치즈

○ 정량 ▿ 취향에 따라 양 조절

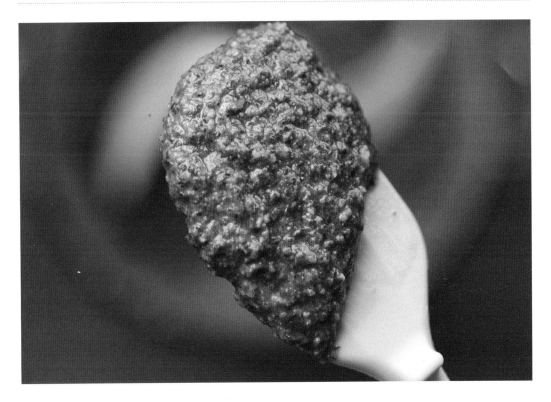

❶ 바질은 줄기를 제거하고 잎만 딴 후
물에 씻고 물기를 잘 턴다.

❷ 푸드프로세서에 잣, 마늘, 소금을 넣고
1차로 간다.

❸ 실리콘 주걱으로 벽면에 붙은 재료를
  긁어모은다. 바질, 올리브오일, 파마산 치즈를
  전부 넣고 더 이상 갈리지 않을 때까지 2차로
  간다.

❹ 다시 벽면에 붙은 재료를 긁어모은 후 3차로 갈아 페스토를 완성한다.

⚠ 푸드프로세서에 세 번 가는 것이 중요해요! 그래야 맛있는 페스토가 완성된답니다.

❺ 깔때기를 이용해 깨끗한 유리병에 담는다. 맨 위를 올리브오일로 덮고 뚜껑을 닫아 바로 냉동한다.

⚠ 산소와 접촉할수록 변색하니, 최대한 빠르게 작업하고 마지막에 올리브오일로 한 번 더 덮어 산소를 차단해요.
냉동하면 6개월 가까이 보관 가능해요!

바질페스토 파스타

❶ 냉동 페스토를 꺼내 병을 뒤집어 물에 넣은 후, 약 15분간 살짝만 녹인다. 병 위쪽의 서걱서걱한 페스토를 필요한 만큼 숟가락으로 퍼낸다.
⚠ 남은 페스토는 최대한 빨리 냉동실에 다시 넣으세요.
⚠ 식품 안전을 위해 완전히 해동하지 마세요.

❷ 페스토가 녹는 동안 끓는 물에 소금을 크게 한 주먹 넣고 스파게티를 넣어 충분히 부드럽게 삶는다. 나중에 더 익히지 않으니 먹기 좋게 삶는다.

❸ 파스타가 다 익으면 체에 받쳐 물기를 뺀 후 팬 또는 볼에 옮긴다. 페스토를 넣어 잘 비빈다.
⚠ 서걱서걱한 페스토가 파스타 열기에 저절로 녹으니, 절대 가열하지 마세요! 바질의 향긋함이 날아가요.

❹ 플레이팅 후 파마산 치즈를 갈아 올린다.

◁» 링귀네 알레 봉골레

Linguine alle vongole

이탈리아 대표 해산물 파스타
봉골레 파스타

봉골레는 이탈리아 대표 파스타 중 하나로
나폴리 앞바다에서 먹었던 봉골레 파스타는
여전히 제 인생 파스타 중 하나예요.

단순함과 완벽함을 갖춘 미니멀 파스타라
겉으로는 크게 어렵지 않아 보이는데요.
오히려 그래서 높은 완성도를 요구하고
조리법도 디테일한데 재료의 영향도 많이 받는
생각보다 은근 까다로운 파스타예요.

우선 조개는 싱싱한 바지락을 추천할게요!
이탈리아 현지 봉골레는 바지락과 약간 다른데
요새는 많이 안 잡혀서 대신 아시안 바지락을 양식하고
이탈리아 레스토랑 대부분 이 바지락을 쓰는데
한국 바지락과 학명이 같은 똑같은 조개거든요.

파스타도 좋은 제품을 쓰면 퀄리티가 높아져요.
봉골레는 버터나 크림 없이 파스타 전분만으로
꾸덕한 농도의 크리미한 소스를 만들어야 하는데
그라냐노 파스타같이 자연 건조 파스타를 쓰면
전분이 많이 나와서 아무래도 쉽게 만들 수 있어요.

마지막으로 레시피 모든 과정을 하나도 빠짐없이,
조금 귀찮더라도 그대로 따라 하길 부탁할게요.
한 가지 과정이라도 빠지면 퀄리티가 확 낮아져요.

Ingredient 👥

- ◦ 바지락 500g
- ◦ 마늘 2쪽
- ◦ 화이트와인 70g
- ◦ 링귀네 160g

  봉골레 파스타는 그라냐노 파스타를 쓰면 고급스럽게
  만들 수 있어요.

- ◦ 다진 이탈리안 파슬리 1스푼(4g)

- ▽ 올리브오일

❶ 볼에 바지락, 소금 한 주먹, 물을 넣고 잘 섞은 후 뚜껑을 덮어 약 30분간 해감한다.

    요즘은 대부분 해감해서 판매하지만, 간단히 한 번 더 하면 좋아요.

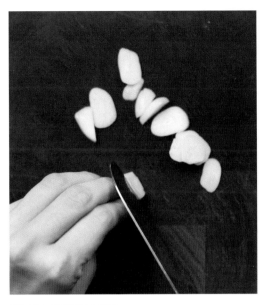

❷ 마늘은 편으로 썬다.

❸ 팬에 올리브오일을 넉넉히 두르고 마늘을 넣어 중불에서 향이 날 때까지 볶는다.

❹ 해감한 바지락을 넣고 화이트와인을 바로 붓는다. 바지락을 한 번 섞은 후 센불에서 알코올을 빠르게 날린다.

❺ 뚜껑을 닫고 바지락이 입을 열 때까지만 익힌다.

⚠ 금방 입을 여니 오래 끓이지 마세요. 오래 끓이면 바지락이 질겨져요.

❻ 바지락은 다른 그릇에 옮기고, 팬에 남은 육수는 촘촘한 체로 불순물을 거른다. 팬은 물로 한번 헹군다.

안 열렸거나 깨졌거나 모래가 있는 바지락은 과감히 버려요.

⚠ 팬에 모래가 남아 있을 수 있으니 잘 닦아주세요.

❼ 끓는 물에 소금간을 하고(물 2L, 소금 10g)
링귀네를 넣어 알 덴테로 삶는다.

조개 육수에 이미 간이 있어서, 파스타 삶을 때
소금을 평소보다 적게 넣어요.

❽ 그 사이, 껍질이 붙어 있는 바지락 10개 정도만
남기고 모두 살을 바른다. 상태가 좋지 않은
바지락은 버린다.

살을 다 발라도 좋고, 귀찮으면 아예 생략해도 돼요.

❾ 깨끗한 팬에 불순물을 거른 바지락 육수를 붓고 알 덴테로 삶은 링귀네를 넣는다.

⚠ 봉골레는 팬에서 파스타를 익히면서 나오는 전분이 필요해서 먼저 알 덴테로 삶고 나중에 익혀요.

⑩ 면수를 한 국자 넣고, 파스타를 자주 저어가며 중불에서 익힌다. 중간중간 면수를 보충하며 소스 농도가 잡혀 크리미해지고, 파스타가 익을 때까지 졸인 후 바지락 살을 넣고 잘 섞는다.

⑪ 불을 끄고 껍질 바지락과 파슬리를 넣어 가볍게 섞는다.

⚠ 바지락 살을 넣고 계속 가열하면 질겨질 수 있으니 불을 꺼주세요.

⓬ 플레이팅한 후 껍질 바지락으로 데코하고
  남은 소스를 올린다.

🔊 딸리아뗼레 알라 보스카욜라

Tagliatelle alla boscaiola

고기와 버섯의 조합
보스카욜라 파스타

보스카욜라는 버섯과 돼지고기가 주인공인 파스타로
큼직큼직하게 썰어낸 재료를 진한 크림에 묻혀내
단순함의 미학이 돋보이는 소박한 파스타예요.
평범하고 허름한 식당에서 쉽게 찾아볼 수 있고
집에서도 쉽고 빠르게 만들기 좋은 파스타죠.

돼지고기는 관찰레, 판체타, 생소시지 중 하나를 써요.
당연히 이걸 쓰면 풍미가 훨씬 좋은 건 확실하지만
보스카욜라는 고기 건더기가 있는 게 더 중요하거든요.
냉장고 속 베이컨이나 소시지를 대신 넣어도 괜찮을 것 같아요.

크림소스가 오리지널이지만 다양한 변형이 가능한데요.
버섯, 고기, 크림만 넣으면 살짝 무거운 느낌이라
토마토페이스트를 조금 넣으면 산미가 약간 돌아서
중간중간 여유를 주는 느낌이 개인적으로 좋았어요.
물론 헤비한 음식이 먹고 싶다면 크림만 넣어도 돼요!

대신 딸리아뗼레, 페투치네, 파파르델레 같이
무조건 넓적한 모양의 파스타를 쓰세요.

보스카욜라는 큼직큼직한 재료와 파스타를
포크로 한 번에 같이 찍어 먹는 게 정말 중요한데
스파게티같이 너비가 좁은 파스타를 쓰면
그 맛있는 건더기만 접시에 덜렁 남아 있을 거예요.

Ingredient 👥

○ 표고버섯 200g

　맛있는 버섯이라면 다 좋아요.

○ 관찰레 150g(또는 생소시지, 베이컨 등)

○ 대파 80g

○ 화이트와인 140g

○ 토마토페이스트 40g

○ 딸리아뗄레 180g

○ 생크림 120g

○ 소금 3g

○ 다진 이탈리안 파슬리 1스푼(4g)

▽ 올리브오일

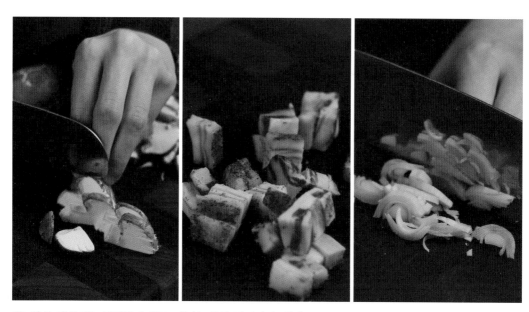

❶ 버섯, 관찰레는 큼직하게 썰고, 대파는 반을 갈라 송송 썬다.

❷ 팬에 올리브오일을 두르고 관찰레를 넣어 중불에서 볶는다.
기름이 나오면 대파를 넣고 부드러워질 때까지 볶는다.

❸ 버섯, 화이트와인을 넣어 볶다가 토마토페이스트와 물을 조금 넣고 섞는다.
물을 약간 넣어야 잘 볶아져요.

❹ 소금간을 하고 뚜껑을 닫는다. 약불에서 약 10분간 버섯이 부드러워질 때까지 익힌 후 불을 끈다.

❺ 그 사이 끓는 물에 소금을 크게 한 주먹 넣고 딸리아뗼레를 넣어 충분히 삶는다.
나중에 더 익히지 않으니 먹기 좋게 삶는다.

❻ 뚜껑을 열고 생크림을 넣어 섞은 후 소금으로 간한다.

❼ 삶은 딸리아뗄레와 면수를 약간 넣어 농도를 조절하고 약불에서 볶는다.

❽ 파슬리를 뿌려 가볍게 섞은 후 플레이팅한다.

🔊 깔라마리 인 우미도

Calamari in umido

인기만점 든든한
깔라마리 수프

직접 할머니한테 전수받은 비법 요리예요.
할머니는 냉동실에 꼭 있는 쪼끄만 오징어를 꺼내
이 요리를 정말 자주 만들어 드셨는데요.
저도 대학교 기숙사 시절에 종종 만들어
룸메이트랑 다 같이 나눠 먹은 적이 많은데
다들 놀랄 정도로 맛있어서 인기가 많았어요.

요리의 비법은 수프처럼 끓이지 않는 거예요.
정확히 번역하기가 어려워서 수프라고 했지만
국물을 적게 잡는 아예 다른 장르의 요리예요.
요리 이름 그대로 humid 하게 촉촉할 정도로만
국물을 적게 잡고 해산물 본연의 맛을 살리는
수프와는 또 다른 매력이 있는 조리법이에요.

평소에 저도 냉동 미니 갑오징어를 갖고 있는데요.
가격도 저렴하고 1인분씩 포장돼서 편리한 데다
오래 끓여도 질겨지지 않아서 좋더라고요.

이 요리의 포인트는 의외로 감자인데요.
든든한 탄수화물이면서 달달한 맛도 좋지만
살짝 부서진 감자가 국물에 녹아 농도도 잡히고
진한 국물을 흡수한 감자라 진짜 맛있어요.

Ingredient ♣♣

○ 감자 350g
○ 양파 50g
○ 당근 30g
○ 셀러리 20g
○ 미니 갑오징어 250g
○ 소금 4g
○ 화이트와인 80g
○ 토마토소스 140g(110쪽 참조)
○ 완두콩 100g
○ 물 200g
○ 다진 이탈리안 파슬리 1스푼(4g)

▽ 올리브오일

❶ 감자는 한입 크기로 깍둑썰고, 양파, 당근, 셀러리, 파슬리는 곱게 다진다.

❷ 냄비 바닥을 뒤덮을 정도로 올리브오일을 넉넉히 두르고 양파, 당근, 셀러리를 넣어
  양파가 투명해질 때까지 볶는다.

❸ 미니 갑오징어와 소금을 넣어 살짝 볶은 후 화이트와인을 넣고 알코올이 날아갈 수 있게 잠시 끓인다.

❹ 토마토소스, 감자, 완두콩, 물을 넣고 잘 섞은 후 센불에서 끓인다.

❺ 끓기 시작하면 약불로 줄이고 뚜껑을 살짝 틈이 있게 닫는다.

Chapter 2

❻ 감자가 다 익을 때까지 약 30분간 끓인 후 불을 끄고 파슬리를 뿌린다.

◁)) 파스타 알라 제노베제

Pasta alla genovese

제노바 없는 제노바 파스타
제노베제 파스타

제노베제 파스타는 정말 유명한 나폴리 전통 음식으로
나폴리 출신인 할머니가 저희 엄마한테 직접 가르쳐줬고
저는 엄마한테 배웠으니까 3대를 걸친 음식이에요.

물 한 방울 없이 오직 양파로 승부하는 음식이라
어마어마하게 양파를 많이 넣어야 맛있는데요.
약불에서 3~4시간 동안 고기가 푹 쪄지고
거의 잼이 될 정도로 양파 맛이 압축되면
호불호 없이 누구나 좋아하는 맛이 돼요.

찜용 고기로는 이것저것 많이 써봤는데
묻지도 따지지도 말고 아롱사태가 최고예요.
포크로 으깨질 정도로 3~4시간 천천히 쪄내면
다진 고기로 만든 라구와 비슷해지는데요.
그래서 나폴리 라구Ragu Napoletano라고도 해요.

근데 왜 이름은 제노바일까요?

나폴리 항구에서 일하던 제노바 출신 셰프들이
현지 재료로 개발한 레시피라 그렇다는 게 유력한데요.
이런 설명들이 보통 그렇듯 결정적인 증거는 없고
다른 얘기도 많긴 하지만 믿거나 말거나 수준이에요.

확실한 건 나폴리 지역 사람만 먹는 나폴리 상징이에요.

Ingredient 👥

- 양파 600g(약 4개)
- 당근 50g
- 셀러리 50g
- 관찰레 50g
- 아롱사태 400g
- 소금 3g
- 월계수잎 2장
- 화이트와인 30g
- 칸델레 160g
  리가토니, 파케리 등 원통형 파스타로 대체해도 좋아요.
- 다진 이탈리안 파슬리 1스푼(4g)

- 올리브오일
- 파마산 치즈

❶ 양파는 원형으로 얇게 슬라이스하고 당근, 셀러리는 곱게 다진다.
　양파는 얇게 썰수록 소스처럼 녹아들어요. 채칼을 이용하면 편리해요.

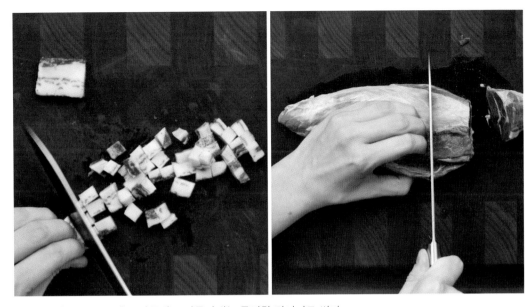

❷ 관찰레는 1cm 크기로 깍둑썰고 아롱사태는 큼직한 덩어리로 썬다.

❸ 냄비에 올리브오일을 넉넉히 붓고 관찰레를 넣어
노릇노릇해질 때까지 중불에서 볶는다.

❹ 당근, 셀러리를 넣고 부드러워질 때까지 볶는다.

Share the LOVE

❺ 양파를 넣고 위에 아롱사태를 올린다. 소금을 넣고 중불에서 잘 섞어가면서 볶는다.

❻ 양파에서 수분이 나오면 월계수잎을 넣고 살짝 틈이 있게 뚜껑을 닫아 2~3시간 약불로 찌듯이 익힌다.

❼ 2~3시간 정도 지나 물기가 없어지고 바닥이 탈 것 같으면 화이트와인을 붓는다.

❽ 중불에서 약 5분간 끓여 알코올을 날리면서 바닥에 눌어붙은 부분을 잘 긁어내어 다시 섞어준다.
뚜껑을 완전히 닫고 뜨겁게 온도가 유지될 정도의 약불에서 2시간 정도 더 익힌다.
⚠ 뚜껑을 꼭 완전히 닫아요!

❾ 주걱과 포크를 이용해 고기를 장조림처럼 잘게 찢는다.

❿ 끓는 물에 소금을 크게 한 주먹 넣고 작게 부순 칸델레를 넣어 충분히 삶는다.

⓫ 팬에 제노베제, 파스타, 면수 한 국자를 넣고 중불에서 따뜻하게 잘 비벼준다.

⓬ 불을 끄고 파마산 치즈를 갈아 넣고 잘 섞는다. 플레이팅한 후 파슬리, 파마산 치즈를 뿌린다.

◁)) 필레또 알 페페 베르데

Filetto
al pepe verde

80년대 클래식 스테이크
그린페퍼 크림 스테이크

80년대 밀라노의 한 고급진 식당에 들어가
특별한 저녁을 하고 싶은 기분이 문득 든다면
축하합니다. 이 요리를 꼭 만들어보세요.

보통 한국에서 "스테이크"라고 하면
두꺼운 고기에 소금과 후추만 간단히 뿌려
팬에서 연기가 날 정도로 뜨거운 기름에
고기를 앞뒤로 진한 갈색이 나올 때까지 굽고
버터에 구운 채소 정도를 곁들이는 요리지만

호화로운 80년대의 감성을 듬뿍 담은
이탈리아식 크림 스테이크는 완전 달라요.

고기는 밀가루를 가볍게 묻혀 타지 않게
은근한 불에서 최대한 부드럽게 구워낸 뒤
크림, 디종머스터드, 그린페퍼로 풍미를 더하고
꼬냑으로 마무리한 럭셔리 그 자체인 요리죠.

첫 번째 챕터 연어 크림 파스타(62쪽)에서 얘기했듯
80년대에 유행한 요리가 아직도 살아남은 사례인데요.

고기에 크림을 부어서 천천히 익히다 보니
요리 초보도 두꺼운 고기를 쉽게 익힐 수 있고
구울 때 기름도 적게 튀고 냄새도 많이 안 나서
집에서 만들기 최고인 요리라고 생각해요!

Chapter 2

Ingredient 👥👥

- 안심 2덩어리(약 260g)
  고기를 실온에 30분 미리 꺼내두면
  좀 더 균일하게 익힐 수 있어요.

- 밀가루 약간
- 버터 15g
- 브랜디 또는 위스키 1샷
- 그린페퍼 1스푼(약 3g)
- 디종 머스터드 1스푼
- 생크림 140g

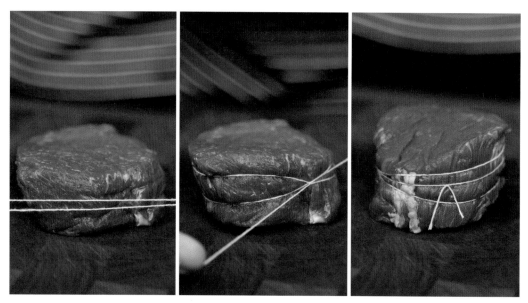

❶ 안심을 요리실로 묶어 동그랗게 모양을 잡는다.
비주얼을 위한 과정이니 생략해도 좋아요.

❷ 안심의 앞, 뒤, 옆면에 밀가루를 골고루 묻힌 후
가볍게 털어준다.
너무 많이 묻히지 말고 가볍게만 묻혀요.

❸ 팬에 버터를 넣고 중불에서 녹인다. 안심을 올리고 한쪽 면이 갈색으로 변할 때까지 굽는다.
뒤집어서 반대쪽도 노릇노릇하게 굽는다.
⚠ 절대 센불에서 고기를 굽지 마세요.

Share the LOVE

❹ 옆면도 굴려가며 잘 구운 후 브랜디 1샷을 붓고 알코올을 날린다.

❺ 그린페퍼, 디종 머스터드, 생크림을 넣고 잘 섞는다.

❻ 약불로 줄인 후 안심의 한쪽 면을 2분, 뒤집어서 2분 총 4분간 익힌다. 중간중간 크림소스를 끼얹어가며
  양쪽 면을 골고루 익히고 덜 익었다면 추가로 2분씩 더 익힌다.
  고기의 단단함 정도나 단면을 잘라보는 식으로 익힘을 확인할 수 있어요.

❼ 접시에 크림소스를 깔고 스테이크를 올린 후 그린페퍼를 뿌린다.

🔊 파르미쟈나 디 멜란쟈네

Parmigiana di melanzane

가지로 만든 라자냐
가지 파르미쟈나

주변 이웃들에게 인기가 진짜 많은
할머니 최고의 요리 중 하나입니다!

할머니는 항상 파르미쟈나를 한 번에 많이 만들고
옆집 사람들 다 먹어보라고 조금씩 나눠주는데
먹어본 모두가 극찬을 아끼지 않는 음식이에요.

라자냐는 익숙해도 파르마쟈나는 완전 생소하죠?
사실 라자냐와 만드는 방법은 완전히 똑같은데
다들 잘 아는 넓적한 라자냐면을 쓰면 라자냐고
넓적한 가지를 기름에 튀겨 넣으면 파르미쟈나예요.

튀긴다고 하니 벌써부터 한숨이 나올 수 있지만
빵가루 필요 없이 밀가루에 달걀물만 묻히는 거고
기름도 팬에 자작할 정도만 부어서 튀기는 거라
명절에 전 부치는 거랑 똑같다고 생각하면 돼요.

칼로리가 걱정된다면 저희 이모 스타일처럼
가지는 그릴에 굽고 라구 대신 토마토소스를 쓰고요.
물론 그만큼 맛은 반비례하더라고요(＞＜).

레시피를 테스트하면서 확실히 느낀 게 있는데
부드럽게 녹아내리는 가지 속살을 느끼려면
확실히 가지를 두툼하게 썰어야 하더라고요.
요리하면 가지가 약간 줄어드는 것까지 고려해서
생각보다 살짝 두껍게 썰어야 한다는 점, 명심하세요!

Chapter 2

Ingredient 👥

○ 가지 3개
○ 블럭 모짜렐라 160g

　　꼭 수분이 적은 블럭 모짜렐라를 써야 해요.
　　생모짜렐라는 수분이 너무 많고 슈레드 치즈는
　　제대로 안 녹아요.

▿ 밀가루
▿ 달걀
▿ 식용유
▿ 라구(210쪽 참조)
▿ 파마산 치즈 간 것
▿ 바질
▿ 올리브오일

❶ 가지를 세로로 길게, 넓적하게 1cm 두께로 썬다. 모짜렐라도 넓적하고 얇게 썬다.
　　요리하면 가지가 줄어들어요. 살짝 두껍게 썰어야 식감이 좋아요.

❷ 가지 앞뒤로 밀가루를 묻히고 살짝 털어낸다.

❸ 넓은 그릇에 달걀을 푼 후 밀가루를 묻힌 가지에 골고루 입힌다.

❹ 팬에 식용유를 자작하게 붓고 170도로 예열한 후 가지를 넣어 앞뒤로 노릇하게 튀긴다.
기름을 너무 많이 넣지 않아도 돼요.

❺ 오븐 용기에 라구를 깔고 튀긴 가지를 올려 덮는다.
용기 사이즈를 참고하세요(25×15×6cm).

❻ 그 위에 라구 ▶ 모짜렐라 ▶ 파마산 치즈 간 것 ▶ 튀긴 가지 순으로 켜켜이 쌓는다. 2~3번 반복한다.

❼ 마지막으로 라구와 모짜렐라를 올린 후 맨 위에 파마산 치즈 간 것을 듬뿍 올린다.

❽ 180도로 예열한 오븐에 넣어 치즈가 녹고
 노릇노릇해질 때까지 약 20분 이상 굽는다.

❾ 플레이팅하고 바질을 올린 후 올리브오일을
 두른다.

Chapter 3

LOVE the day

특별한 날을 위한 3~4인용 레시피

**일요일 점심에 다 같이 모여 식사를 하는 전통은
과거에나 지금에나 이탈리아 사람들의 삶 그 자체예요.**

이탈리아 사람들에게 명절은?
특별한 음식 먹는 날!

이탈리아 사람들은 크리스마스 같은 명절이 되면
올해는 뭘 먹어야 잘 먹었다고 소문이 날까 고민할 정도로
이탈리아 요리엔 아예 명절 음식이라는 영역이 따로 있고
일 년 중 오직 이때만 먹는 음식이 있을 정도로
엄청난 위상을 차지하고 있는 음식이에요.

물론 단순히 맛있는 음식 먹어서 좋은 날이 아니라
오랜만에 모든 가족이 같은 날 같은 곳에 모여
아무리 사소하더라도 할머니가 역할을 정해주면
가족 전체가 조금씩 도와 음식을 다 같이 완성하는
따뜻한 가족 문화를 상징하는 중요한 행사예요.

명절 음식만큼 중요한 게 바로 일요일 점심인데요.

과거에나 지금에나 아직도 이탈리아 사람들은
일요일 점심엔 다 같이 모여 식사하는 전통이 있어요.
시간이 오래 걸려서 아침부터 준비하는 요리가 많은데요.
라자냐, 카넬로니, 라구 같이 시간이 오래 걸리는 요리는
바로 일요일 점심에 함께한 모두를 위한 요리예요.

세 번째 챕터 [LOVE the day]는
이런 날에 제가 실제로 먹었던 요리를 소개했어요.
크게 어렵진 않지만 충분한 시간과 정성이 필요해서
미리 하루 날을 정하고 계획을 세워 도전해 보세요.

레시피는 3~4인 기준으로 작성했는데요.
둘이 먹는다고 해도 절대 레시피를 반으로 줄이지 말고
그대로 똑같이 따라 하고 남은 걸 냉장고에 보관하세요.
같은 음식도 요리하는 양이 다르면 조리 시간이 달라지고
어떤 요리는 많이 만들어야 용기를 꽉 채울 수 있거든요.

그럼 챕터 3 시작!

Buonissimo~

🔊 인살라타 디 뽈뽀

Insalata di polpo

신선한 바다를 담은 한 그릇
뽈뽀 샐러드

무더운 여름에 잊지 않고 생각나는
우리 할머니 최고 요리 중 하나예요.

할미니 동네에는 바다와 강이 만나는 다리가 있고
문어가 많이 살아서 저희 삼촌이 직접 잡아 오면
할머니는 끓는 물에 레몬과 월계수잎을 넣고
문어가 부드러워질 때까지 푹 삶은 후
감자를 넣고 샐러드를 만들어 냉장고에 넣어놓고
레몬즙을 뿌려 콜드 샐러드로 시원하게 먹었어요.

다만 이탈리아 문어 요리는 한국과 많이 다른데요.
문어를 살짝 데쳐서 쫄깃한 식감을 즐기는 한국과 달리
이탈리아 스타일은 문어를 부드럽게 푹 삶아내
콧물같이 흐물흐물해진 껍질은 아예 벗겨내고
하얀 살코기를 깍둑깍둑 잘라서 요리하는 거예요.

저는 온라인으로 돌문어 한 마리를 주문해서
집에서 직접 삶아서 처음부터 만드는데요.
손질 없이 그냥 삶고 나중에 물에 씻으면 되고
많이 만들어두고 평소에 냉장 보관하면 좋아요.

한국 마트에서는 주로 자숙 문어를 많이 파는데
부드럽게 만들려면 어차피 또 삶아야 하는 거니까
똑같은 방법으로 요리해도 좋을 것 같네요.

Chapter 3

Ingredient ♟♟♟

○ 돌문어 1kg(생물)

　　자숙 문어는 2마리 쓰세요.

○ 감자 300g(약 2개)
○ 올리브오일 30g
○ 다진 이탈리안 파슬리 1스푼(4g)
○ 레몬즙 15g
○ 소금 2g
○ 잣 10g
○ 페페론치노 약간

▽ 올리브오일

❶ 냄비에 물 2.5ℓ를 넣고 팔팔 끓인다. 돌문어는 흐르는 물에 간단히 씻는다.
　 팔팔 끓는 물에 문어 다리만 3번 넣었다 뺀다.
　 문어 모양이 더 예쁘게 잡혀요.

❷ 이제 문어를 완전히 넣고 살짝 틈이 있게 뚜껑을 닫는다. 약불로 줄여 정확히 40분 삶은 후 불을 끄고
뚜껑을 완전히 닫아 그대로 둔다. 남은 잔열로 1시간 추가로 익힌다.

자숙 문어는 30분만 삶고 뚜껑을 닫아요.

❸ 그 사이 감자는 껍질을 깐 후 한입 크기로 깍둑
썬다.

❹ 끓는 물에 소금을 한 주먹 크게 넣고 감자를 넣어
정확히 20분 삶는다.

샐러드라 감자를 너무 푹 익히면 안 돼요.

❺ 볼에 올리브오일, 다진 파슬리, 레몬즙, 소금을 넣고 잘 섞어 소스를 만든다.

❻ 잘 삶아진 문어는 머리와 가운데 입을 제거한다. 흐물흐물한 껍질을 제거한다.

흐르는 물로 씻으면서 비비면 제거하기 편해요.

❼ 손질한 문어를 한입 크기로 썬다.

❽ 큰 샐러드 볼에 문어, 감자, 잣, 페페론치노, 소스를 넣어 잘 버무린다.
이 상태로 냉장고에 넣어두고 평소에 꺼내 먹으면 좋아요.

❾ 플레이팅한 후 올리브오일을 약간 두른다.

LOVE the day

🔊 칵테일 디 감베레티

Cocktail di gamberetti

최고급 새우 샐러드
크림 새우 샐러드

비주얼만 보면 이탈리아 사람이 두 손을 모으고
경악하며 맘마미아를 외치는 모습이 떠오르지만
놀랍게도 80년대 이탈리아 대표 음식이에요!

이 책에는 크림이 뒤덮인 요리가 몇 개 있고
눈치가 빠르다면 공통점을 발견했을 텐데요.
모두 80년대 선풍적인 인기를 끌었던 음식이에요.

레시피를 보면 달랑 케첩과 마요네즈를 섞어놓은
누가 봐도 호프집 기본 샐러드 그 맛이 생각나지만
마요네즈 비중이 높고 생크림으로 블렌딩해서
케첩 특유의 쨍-한 맛을 눌러줬기 때문에
"의외로" 굉장히 고급스러운 맛일 거예요.

제가 크림을 좋아해서 책에 80년대 음식이 많은데요.
어렸을 때 진짜 좋아했던 음식이기도 했고
특별한 날에 사랑하는 사람들과 파티를 하려면
파스타도 해야 되고, 메인 디쉬도 해야 되는데
애피타이저까지 공들여서 만들기는 어렵잖아요?
미리 만들어두면 좋은 음식이라 꼭 소개하고 싶었어요.

Ingredient 👨‍👩‍👧

- ○ 자숙 새우 300g
- ○ 마요네즈 100g
- ○ 생크림 30g
- ○ 케첩 20g
- ○ 우스터소스 1g
- ○ 버터헤드 약간
  양상추로 대체 가능해요.

- ⩔ 레몬 슬라이스
- ⩔ 후추

❶ 자숙 새우를 끓는 물에 넣어 30초간 데친 후
찬물에 넣어 식히고 체에 밭쳐 물기를 뺀다.

❷ 볼에 마요네즈, 생크림, 케첩, 우스터소스를 넣고
잘 섞는다.

Chapter 3

 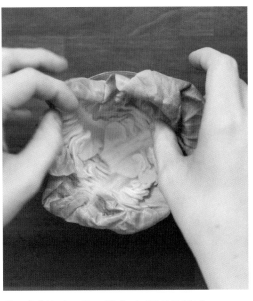

❸ 새우 한 마리를 남겨두고, 만들어둔 소스에
　　새우를 모두 넣어 잘 버무린다.

❹ 칵테일 잔 모양 그릇에 버터헤드를 깐다.

 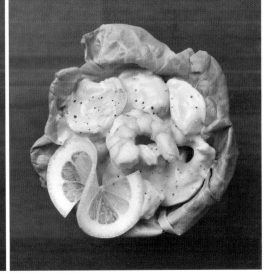

❺ 버터헤드 위에, 소스에 버무린 새우를 넣는다. 얇게 썬 레몬을 올린 후 후추를 약간 뿌리고
　　남겨둔 새우 하나를 얹는다.

🔊 카넬로니 디 마그로

Cannelloni di magro

담백한 화이트 라자냐
시금치 리코타 카넬로니

가끔 엄마가 일요일 점심으로 만들어주셨던
모두가 좋아하는 이탈리아 인기 메뉴예요.

누가 뭐래도 라자냐가 맛있는 음식인 건 맞지만
고기 소스인 라구랑 베샤멜소스 둘 다 헤비한지라
가끔 안 땡기는 날이 있는 것도 사실이거든요.

그럴 땐 원통 모양의 카넬로니 파스타에
담백한 리코타 시금치필링을 듬뿍 채워
은은한 베샤멜소스를 쌓아 오븐에 구워낸
이 요리가 가장 많이 생각나는 것 같아요.

실제로 di magro는 담백한 음식에 붙는 표현인데
리코타 시금치필링을 채운 음식이 대표적이에요.

생파스타를 넓적하게 뽑아 돌돌 말아 만들면 좋겠지만
쿠팡에서 쉽게 살 수 있는 카넬로니 파스타로 만들었고요.
생각보다 레시피는 전혀 어렵지 않은 대신에
원통 모양인 카넬로니 파스타에 속 채우는 게
시간이 좀 걸리니까 가족이랑 다 같이 즐겨보세요.

Ingredient ♟♟♟♟

- 버터 25g
- 마늘 1쪽 다진 것
- 냉동 시금치 300g
- 리코타 300g
- 달걀 1개
- 넛맥 약간
- 소금 1g
- 파마산 치즈 20g
- 카넬로니 14개

▽ 파마산 치즈

베샤멜소스
- 가염 버터 30g
- 밀가루 30g
- 우유 300g
- 넛맥 약간
- 소금 1.5g

❶ 팬에 버터를 넣어 살짝 녹인 후 다진 마늘을 넣고
향이 날 때까지 살짝 볶는다.

❷ 시금치를 넣고 중불에서 수분이 날아갈 때까지 볶은 후 불을 끈다.

❸ 도마에 옮겨 완전히 식힌 후 잘게 다진다.

❹ 볼에 볶은 시금치, 리코타, 달걀, 넛맥, 소금을 넣고 파마산 치즈(20g)를 갈아 넣은 후 치대듯이 잘 섞어 필링을 만든다.

❺ 끓는 물에 소금을 크게 한 주먹 넣고 카넬로니를 넣어 3분간 데친 후 찬물에 넣어 식힌다.

❻ 카넬로니의 물기를 털어내고 안에 시금치필링을 채워 넣는다.

   카넬로니를 수직으로 세운 후 길쭉한 나이프로 채우면 쉬워요.

❼ 냄비에 베샤멜소스 재료의 버터를 넣어 녹인다. 밀가루를 넣고 중불에서 거품기로 섞는다.

❽ 먼저 우유를 약간 붓고 완전히 섞는다. 남은 우유를 전부 붓고 거품기로 계속 저어가며
걸쭉해질 때까지 끓인다.
우유를 처음부터 다 넣고 섞으면 잘 안 섞여요.
너무 꾸덕하지 않고 부드럽게 흐르는 정도가 좋아요.

❾ 불을 끄고 넛맥과 소금을 넣으면 베샤멜소스 완성.

❿ 오븐용 내열 용기 바닥에 베샤멜소스를 깔고 시금치필링을 채운 카넬로니를 올린다.

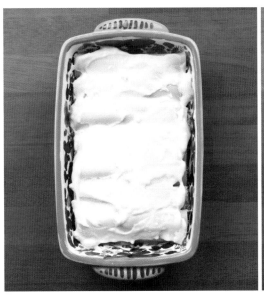
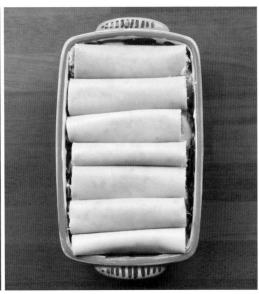

⓫ 그 위에 다시 베샤멜소스를 깔고 카넬로니를 올려 2층을 만든다.

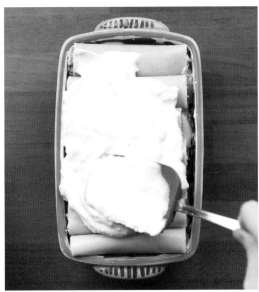

⓬ 마지막으로 베샤멜소스를 깔고 파마산 치즈를 갈아 올린다. 180도로 예열한 오븐에 20분간 굽는다.

🔊 라자냐 아이 풍기

Lasagna ai funghi

은은한 화이트 라자냐
버섯 라자냐

어릴 때부터 전 오리지널 라자냐를 먹을 때면
하얗고 순수한 베샤멜소스를 제일 좋아했어요.
그래서 라구소스가 아주 눈엣가시였는데요.
안 그래도 고기를 그렇게 좋아하지 않는데
베샤멜소스를 은근슬쩍 덮는 게 싫었어요.

까탈스러운 절 위해 엄마가 특별히 만들어줬던
버섯 라쟈냐를 한입 먹는 순간 사랑에 빠졌어요.
따끈한 베샤멜소스를 라자냐 사이사이에 채우고
은은한 버섯을 중간중간 채운 조화로운 맛이
마치 평화롭고 따뜻한 설국에 도착한 느낌일 거예요.

라구를 일부러 만들어야 하는 오리지널 라자냐보다
시간도 노력도 적게 들면서 임팩트는 정말 확실해
손님 만족도 최상인 음식이니 추천할게요!

맞다! 베샤멜소스가 그냥저냥 밍밍한 맛이라면
무조건 소금 부족이니까 간을 확실히 해 주세요.
내 입에 맛있을 때까지 소금을 확실히 넣으세요!

Ingredient ♟♟♟♟

- ○ 표고버섯 300g

  표고버섯, 송화버섯, 양송이버섯을 추천합니다.

- ○ 블럭 모짜렐라 200g

  ⚠ 꼭 수분이 적은 블록 모짜렐라를 써야 해요.
  생모짜렐라는 수분이 너무 많고 슈레드 치즈는
  제대로 안 녹아요.

- ○ 마늘 2쪽 다진 것
- ○ 소금 1g
- ○ 화이트와인 100g
- ○ 가염 버터 15g
- ○ 라자냐 12장

  가로팔로 라자냐를 사용했어요.

- ○ 다진 이탈리안 파슬리 1스푼(4g)

- ♈ 올리브오일
- ♈ 파마산 치즈
- ♈ 다진 이탈리안 파슬리

베샤멜소스

- ○ 가염 버터 70g
- ○ 밀가루 70g
- ○ 우유 700g
- ○ 넛맥 약간
- ○ 소금 3g

❶ 버섯을 1cm 두께로 썬다. 모짜렐라는 얇게 슬라이스하거나 깍둑썬다.

버섯은 익으면 수축하기 때문에 약간 두껍게 썰고, 모짜렐라는 얇게 썰수록 좋아요.

❷ 팬에 올리브오일을 넉넉히 두르고 다진 마늘을
넣어 살짝 볶는다.

❸ 버섯을 넣고 소금간을 한 후 중간 불에서
살짝 볶는다.

❹ 화이트와인을 넣고 약 3분간 볶아 알코올을 날린 후 뚜껑을 닫아
버섯이 부드러워질 때까지 찌듯이 익힌다.
표고버섯은 수분이 적어서 스팀으로 쪄야 잘 익어요.

LOVE the day

❺ 버섯이 부드러워지면 뚜껑을 열고 한번 볶아준 후 버터, 파슬리를 넣어 비비고 불을 끈다.

버섯을 한 번 익히고 나면 훨씬 잘 볶아져요.

❻ 냄비에 베샤멜소스 재료의 버터를 넣어 녹인다. 밀가루를 넣고 중불에서 거품기로 섞는다.

❼ 먼저 우유를 약간 붓고 완전히 섞는다. 남은 우유를 전부 붓고 거품기로 계속 저어가며
걸쭉해질 때까지 끓인다.

우유를 처음부터 다 넣고 섞으면 잘 안 섞여요.
너무 꾸덕하지 않고 부드럽게 흐르는 정도가 좋아요.

❽ 불을 끄고 넛맥과 소금을 넣으면 베샤멜소스 완성.

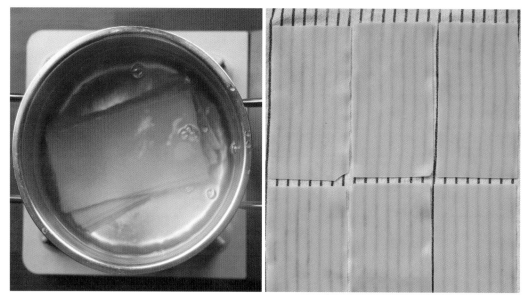

❾ 끓는 물에 소금간 없이 라자냐를 넣어 3분간 삶는다.
삶은 라자냐는 찬물에 담가 식힌 후 행주 또는 키친타월에 얹어 물기를 제거한다.
라자냐를 삶으면 나중에 용기에 맞게 자를 수 있어요.

❿ 오븐 용기 바닥에 베샤멜소스를 먼저 깐다. 그 위에 라자냐 ▶ 베샤멜 ▶ 버섯 ▶ 모짜렐라 순으로 쌓는다.
용기 사이즈를 참고하세요(28×18×6cm).
라자냐가 그릇에 안 맞으면 잘라서 넣어요.

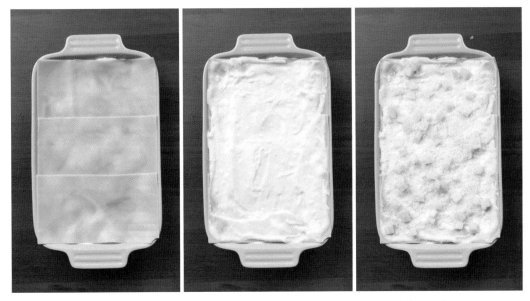

⓫ 라자냐 총 9장을 사용해 3층을 쌓는다. 마지막 4층은 라자냐 ▶ 베샤멜 ▶ 모짜렐라를 올리고
파마산 치즈를 갈아 올린다.

⓬ 180도로 예열한 오븐에 넣어 20분간 굽는다.
집마다 오븐 성능이 다르니,
사진처럼 치즈가 노릇노릇해지면 꺼내세요.

⓭ 작은 칼로 벽면을 긁어낸 뒤 4등분해 그릇에
한 조각씩 옮긴다. 올리브오일과 파슬리로
마무리한다.
치즈가 녹아서 벽에 딱 붙어있어요. 칼로 잘 긁어주세요.

◁ 뽈뻬떼

Polpette

131년 전통의 맛
미트볼

이탈리아 요리에서 절대 빠질 수 없는 미트볼!
집집마다 레시피 하나쯤은 갖고 있을 정도로
전국에서 많은 사랑을 받는 국민 음식인데요.

지역마다 사람마다 다양한 레시피가 있지만
역시나 정석은 토마토소스 미트볼이에요.

특별히 이 책에 소개하는 미트볼 레시피는
저희 할머니가 엄마한테 배웠다고 하니까
4대째 내려오는 최소 130년 넘은 레시피인데요.
비법은 바로 고소한 잣과 달달한 건포도입니다!

어... 건포도가 세상에서 제일 싫다고요?
예전에 올렸던 미트볼 영상의 댓글을 보니
건포도가 제일 싫다는 분들이 꽤 있었는데요.

괜히 4대째 내려온 레시피가 아니니 믿어보세요.
너무 달기만 하고 물컹물컹한 그런 건포도가 아니라
고기 육즙을 잔뜩 머금고 통통해진 상태에서
파마산 치즈의 짠맛과 감칠맛을 만나는 순간
단짠단짠이 폭발하는 최고의 맛이거든요.

미트볼은 하나하나 빚는 것부터 소스까지
일요일 오전부터 느긋하게 가족과 준비하는
대표적인 Sunday Food, 주말 음식이에요.
만들고 남은 건 냉동해도 좋으니 도전해 보세요!

Chapter 3

Ingredient 👤👤👤

미트볼(약 16개분)
- 식빵 200g(4장)
- 우유 100g
- 다진 소고기 500g
- 잣 15g
- 건포도 15g
- 이탈리안 파슬리잎 10g
- 소금 6g
- 후추 2g
- 파마산 치즈 60g
- 토마토소스 400g(110쪽 참조)

▾ 올리브오일
▾ 파마산 치즈

❶ 식빵은 테두리를 제외한 속살만 사각형으로 썰고, 파슬리는 다진다.

❷ 볼에 식빵을 넣고 우유를 부어 5분간 둔 후 식빵의 우유를 꼭 짜낸다.
우유는 이제 버려요.

❸ 볼에 다진 소고기, 식빵, 잣, 건포도, 파슬리,
소금, 후추를 넣고 파마산 치즈를 갈아 넣는다.

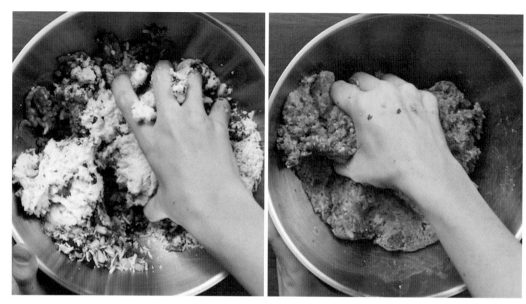

❹ 고기 반죽을 잘 섞고 반죽이 잘 뭉쳐질 때까지 완전히 치댄다.
충분히 치대야 미트볼 특유의 식감도 생기고 구울 때 부서지지 않아요.

❺ 탁구공 크기로 동그랗게 빚는다.
이 상태 그대로 냉동하면 오랫동안 먹을 수 있어요.

❻ 팬에 올리브오일을 넉넉히 붓고 중불로 달군 후 미트볼을 올려
겉면이 앞뒤로 노릇노릇해질 때까지 굽는다.
나중에 속까지 익힐 거라 지금은 겉만 노릇하게 구워요.

❼ 그 사이 냄비에 토마토소스를 붓고 약불에서
데운다.

❽ 구운 미트볼을 넣고 뚜껑을 닫아 약 15분간
익힌다. 플레이팅한 후 파마산 치즈를 갈아
올린다.
따뜻하게 속까지 익히는 과정이에요.

Lasagna
al ragù

이탈리안 클래식
라구 라자냐

세계에서 가장 유명한 이탈리아 음식이지만
솔직히 말하면 어릴 때 전 별로 안 좋아했어요.
할머니가 몇 번 해주셨는데도 그냥 그저 그래서
라구는 긁어내고 베샤멜소스랑 라자냐만 먹었는데요.

이 책을 만들면서 직접 레시피를 테스트한 결과
할머니도 몰랐던 비법은 라구를 조금 넣는 거예요!
라구를 많이 넣으면 고기가 모든 걸 압도해 버려서
맛있는 라구일지는 몰라도 맛있는 라자냐는 아니에요.

즉, 라자냐의 핵심은 맛있는 베샤멜소스입니다.

베샤멜소스는 절대 타면 안 되니 약불로 조리해야 하고
약간 끈끈한 듯 흐르는 농도가 되면 바로 불을 꺼주세요.
너무 꾸덕하면 라자냐는 무겁기만 하고 부드러운 느낌이 없어요.
라구도 약한 불에서 2시간 가까이 천천히 익혀야 하는데
너무 마르면 않게 촉촉한 느낌이 들게 익혀야 돼요.

레시피는 딱 라자냐 4인분에 맞게 구성했지만
라구는 고기 1팩, 토마토퓨레 1병에 맞추는 게 편해서
라자냐 만들고 나면 라구가 많이 남을 건데요.
남은 건 냉동해서 다음번 라자냐 만들 때 쓰거나
그냥 볼로네제 파스타로 간단히 먹어도 좋아요!

라자냐는 최소 5층은 쌓아야 최고의 두께감이 나오고
조금씩 만들기는 불가능하니까 레시피 똑같이 만들고
남으면 하나씩 잘라서 냉동 보관했다가 데워 드세요!

Ingredient 👤👤👤👤

○ 라자냐 15장

  무조건 5층을 쌓아야 돼요.

○ 파마산 치즈 50g

라구

○ 셀러리 45g

○ 당근 45g

○ 양파 90g

○ 다진 소고기 550g

○ 소금 10g

○ 후추 약간

○ 넛맥 약간

○ 레드와인 120g

○ 토마토퓨레 1병(680g)

▽ 올리브오일

베샤멜소스

○ 가염 버터 100g

○ 밀가루 100g

○ 우유 1ℓ

○ 넛맥 약간

○ 소금 4.5g

❶ 셀러리, 당근, 양파는 곱게 다진다.

❷ 냄비에 올리브오일을 넉넉히 붓고 채소를 넣어 중불에서 양파가 투명해질 때까지 볶는다.

❸ 다진 소고기를 넣고 바로 주걱으로 으깨가며 볶는다.
   고기가 어느 정도 익으면 소금, 후추, 넛맥을 넣고 섞는다.
   소고기는 뭉친 부분 없이 잘게 잘게 쪼개주세요.

❹ 레드와인을 붓고 약 5분간 알코올이 날아가도록 저어가며 끓인다.

❺ 토마토퓨레를 붓고 병에 물을 약간 넣어 잘 흔들어 남아있는 퓨레까지 모두 넣는다.
   잘 섞은 후 뚜껑을 살짝 틈이 있게 닫아 약불에서 2시간 끓인다.

6 냄비에 베샤멜소스 재료의 버터를 넣어 녹인다. 밀가루를 넣고 중불에서 거품기로 섞는다.

7 먼저 우유를 약간 붓고 완전히 섞는다. 남은 우유를 전부 붓고 거품기로 계속 저어가며 걸쭉해질 때까지 끓인다.

우유를 처음부터 다 넣고 섞으면 잘 안 섞여요.
너무 꾸덕하지 않고 부드럽게 흐르는 정도가 좋아요.

LOVE the day

❽ 불을 끄고 넛맥과 소금을 넣으면 베샤멜소스 완성.

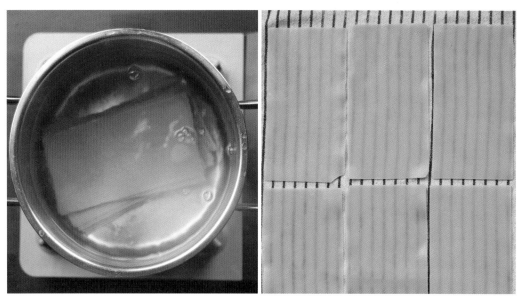

❾ 끓는 물에 소금간 없이 라자냐를 넣어 3분간 삶는다.
　 삶은 라자냐는 찬물에 담가 식힌 후 행주 또는 키친타월에 얹어 물기를 제거한다.

⑩ 오븐 용기에 베샤멜소스를 깔고 그 위에 라자냐를 깐다.

용기 사이즈를 참고하세요(28×18×6cm).

라자냐가 그릇에 안 맞으면 잘라서 넣어요.

⑪ 그 위에 베샤멜소스 ▶ 라구 ▶ 파마산 치즈 간 것 ▶ 라자냐 순으로 켜켜이 쌓는다.

라자냐 총 12장을 사용해 4층을 쌓는다.

⓬ 마지막으로 5층은 베샤멜소스 ▶ 라구 ▶ 파마산 치즈 간 것 순으로 올린다.
160도로 예열한 오븐에 넣어 20분간 굽는다.

⓭ 작은 칼로 벽면을 긁어낸 뒤, 4등분해 그릇에 한 조각씩 옮긴다.
치즈가 녹아서 벽에 딱 붙어있어요. 칼로 잘 긁어주세요.

◁)) 비텔로 톤나토

Vitello tonnato

80년대 빈티지 애피타이저
돼지고기 참치마요

어릴 땐 싫어했는데 나이 먹고 완전 좋아진
그런 음식 다들 하나씩 생각나는 거 있죠?
비텔로 톤나토가 저에겐 딱 그런 음식이에요.

Vitello	**tonnato**
송아지	참치

그대로 직역하면 송아지 참치마요인데요.
아무리 송아지여도 기름기 하나 없는 등심을
오랫동안 푹 삶아서 얇게 썬 거라 퍽퍽하지
참치랑 앤초비에 마요네즈 범벅한 짭짤한 소스가
어릴 적 까다로웠던 제 입맛에 맞을리가 없죠.

실제로 밀라노 사람들은 까다로운 비텔로 톤나토를
홈파티에 내서 자신의 요리 실력을 뽐낼 정도로
상당히 어려운 요리라고 생각했는데요.

얼마 전에 정호영 셰프님의 냉제육 삶는 법이 유행해서
여기에 그대로 적용해 봤는데 완전 대박이었어요!
너무너무 쉬운데 고기가 놀라울 정도로 촉촉했어요.
요리 똥손도 밀라노 요리왕 소리 들을 수 있을 정도로
좋은 레시피라는 생각이 들어 책에 담았습니다.

레시피 특성상 돼지고기를 차갑게 식혀야 해서
미리 삶아놓고 필요할 때 뚝딱 썰어내면 편하고
이탈리아 오리지널 레시피는 소스가 많이 짭짤해서
좀 더 마일드한 느낌을 줘서 호불호를 없애 봤어요.

Ingredient 👤👤👤👤

- 돼지고기 통등심 1kg
- 당근 1/2개
- 양파 1/2개
- 마늘 2쪽
- 화이트와인 1/2컵

▿ 통후추
▿ 월계수잎
▿ 소금
▿ 통케이퍼
▿ 핑크페퍼

참치소스

- 캔 참치 150g
- 케이퍼 25g
- 앤쵸비 3마리(8g)
- 삶은 노른자 1개
- 레몬즙 10g
- 소금 1g
- 후추 약간
- 올리브오일 100g
- 마요네즈 20g

❶ 돼지고기 통등심의 근막과 지방을 손질한다.
칼끝을 넣고 옆으로 밀면 쉽게 제거할 수 있어요.

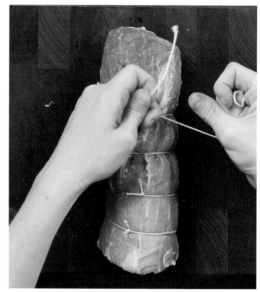

❷ 요리실로 고기를 묶어 원통 모양을 만든다.
비주얼을 위한 과정이니 생략해도 좋아요.

❸ 큰 냄비에 당근, 양파, 마늘, 통후추, 월계수잎, 화이트와인, 소금 한 주먹을 넣고
물을 2ℓ 이상 넉넉히 부어 센불에서 끓인다.

뜨거운 물의 잔열로 고기를 익혀요. 너무 작은 냄비를 쓰거나
물을 적게 넣으면 고기가 제대로 안 익어요.

❹ 물이 끓기 시작하면 불을 끄고 통등심을 넣은 후 뚜껑을 닫고 30분간 그대로 둔다.

⚠ 중간에 뚜껑을 절대 열지 마세요.

❺ 그 사이 믹서에 참치소스 재료를 모두 넣고 블렌딩한다.

❻ 고기를 꺼내 완전히 식힌 후 잘 드는 칼로 최대한 얇게 썬다.
미리 만들어두고 냉장고에 넣어 차갑게 식히면 더 얇게 썰려서 좋아요.

❼ 돼지고기 슬라이스를 접시에 펼쳐 올린다.

❽ 돼지고기가 보일 수 있게 참치소스를
중앙의 80% 정도만 덮도록 올린다.

❾ 통케이퍼, 핑크페퍼, 후추를 갈아 올린 후
올리브오일을 두른다.

LOVE the day

🔊 스페짜티노 알 비노 로쏘

Spezzatino
al vino rosso

크리스마스 필살기
레드와인 소고기 찜

손님마다 극찬이 끊이지 않는
우리 엄마의 크리스마스 필살기입니다!

따뜻한 크리스마스 감성에 걸맞은 최고의 요리로
레드와인에 소고기를 오랫동안 천천히 쪄내고
로즈마리, 시나몬같이 따뜻한 허브를 넣어
오랜 기다림 끝에 마침내 한 입 먹어보면
포근함이 입안 가득 차오르는 느낌이에요.

소고기는 비싼 고기 쓸 필요 전혀 없고
오래 찌면 부드러워지는 부위면 다 좋은데
한국에서 아롱사태가 최고 좋아요. 완전 추천!
대신 약불에서 오랫동안 천천히 익혀야 맛있는데
거의 4시간 정도 걸렸으니 시간 계획을 잘 짜보세요.

이탈리아의 찜 요리는 보통 그 밑에 탄수화물을 깔아주는데요.
원래 옥수수가루 폴렌타를 깔고 그 위에 소고기 찜을 올려주지만
한국에선 구하기 쉽지 않기도 하고 개인적으로 감자를 더 좋아해서
아주 간단하게 만든 매쉬드 포테이트로 대신했어요.

Ingredient 👥👥👥

○ 셀러리 40g

○ 당근 40g

○ 양파 100g

○ 아롱사태 400g

○ 레드와인 200g

○ 로즈메리 1줄기

○ 월계수잎 1장

○ 넛맥 약간

○ 시나몬 약간

○ 소금 4g

▽ 올리브오일

▽ 후추

▽ 다진 이탈리안 파슬리

매쉬드 포테이토

○ 감자 200g

○ 우유 130g

○ 가염 버터 25g

▽ 소금

❶ 셀러리, 당근, 양파는 곱게 다진다. 아롱사태는 2cm 두께로 큼직큼직하게 썬다.

❷ 냄비에 올리브오일을 넉넉히 붓고 셀러리, 당근,
양파를 넣어 투명해질 때까지 볶는다.

❸ 아롱사태를 넣고 후추를 뿌린 후 센불에서
고기 겉면을 회색빛이 나도록 살짝 익힌다.

❹ 레드와인을 붓고 알코올 냄새가 사라질 때까지
5분 정도 센불에서 끓인다.

❺ 약불로 줄이고 로즈메리, 월계수잎, 넛맥,
시나몬을 넣고 잘 섞는다.
넛맥과 시나몬은 조금만 넣어요.

❻ 소금으로 간을 한 후 뚜껑을 약간 틈이 있게
　닫는다. 고기가 부드럽고 힘줄이 녹을 때까지
　약불에서 3~4시간 정도 천천히 익힌다.
　펄펄 끓이지 말고 뜨거운 김이 은근히 나올 정도로
　유지해요.

❼ 그 사이에 감자는 껍질을 벗긴 후 큼직하게 썰어
　끓는 물에 넣고 삶는다. 감자가 잘 익으면
　체에 밭쳐 물기를 뺀다.

❽ 냄비에 담아 곱게 으깬 후 약불에 올려 우유, 버터를 넣어 잘 섞고 소금으로 간한다.
　원하는 농도가 되면 불을 끄고 잠시 식힌다.

❾ 접시 바닥에 매쉬드 포테이토를 평평하게 깔고 그 위에 고기를 담는다.

❿ 고기 냄비에 남은 소스와 기름을 올린 후 파슬리를 뿌린다.

🔊 감베로니 디 나탈레

Gamberoni di Natale

전 세계 단 하나뿐인
크리스마스 로제 크림새우

할머니의 크리스마스 최고의 요리이자
오직 절 위해 만든 세상 단 하나뿐인 요리입니다.

한국에서도 좋은 해산물은 별다른 양념 없이
그냥 신선한 맛 그대로 즐겨야 진짜라고 생각하고
비싼 회를 초고추장 찍어 먹으면 당장 소리 지르듯
이탈리아도 정말 똑같은 이유로 해산물 요리엔
크림이나 치즈가 절대적인 금기 중의 금기거든요.

근데 제가 어릴 때 좀 많이 까탈스러워서
해산물은 아예 입에도 안 댔거든요(ㅋ).
보다 못한 할머니가 토마토 크림 다 넣어서
짬뽕 요리를 만들어줬는데 그게 넘 맛있었어요(>.<).

기원이 기원인지라 남녀노소 국적 불문
누구나 무조건 좋아하는 필살기입니다.

꼭 머리 달린 새우를 써야 되는지 질문이 많았는데요
머리 쪽 내장을 이용해서 소스를 만드는 건 아니고
크림소스에 내장을 찍어 먹으면 맛있어서 그런 거라
웬만하면 이 쪽을 추천하지만 손질이 귀찮다면
편리함이 남다른 냉동 새우도 좋다고 생각해요.

이거 소스가 진짜 맛있는데 팁을 하나 드리면
꼭 빵을 찍어 드세요. 파스타는 안 어울려요.

Ingredient ♨♨♨

- 토마토 250g
- 마늘 5쪽
- 머리 달린 새우 9마리(350g)
  머리와 껍질이 달린 큰 새우가 좋아요.
- 올리브오일 30g
- 소금 2g
- 화이트와인 40g
- 생크림 130g
- 다진 이탈리안 파슬리 1스푼(4g)
- 유자 또는 레몬 제스트 약간

❶ 토마토는 꼭지를 제거하고 열십(+)자로 칼집을 낸다.
끓는 물에 넣어 30초간 데친 후 찬물에 넣어 식힌다.

❷ 마늘은 편으로 썬다. 토마토는 껍질을 벗겨 작게 깍둑썬다.

이 요리는 껍질을 제거해야 먹기 편해요.

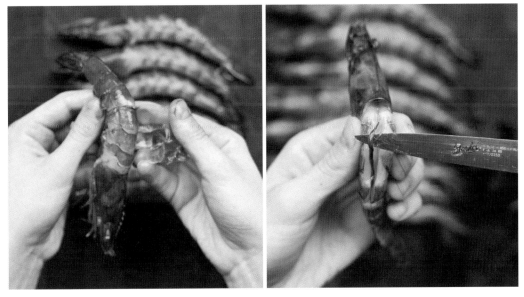

❸ 새우는 머리를 그대로 두고 몸통의 껍질과 등 쪽의 내장을 제거한다.

❹ 팬에 올리브오일을 두르고 마늘을 넣어 살짝 볶는다.

❺ 토마토를 넣고 소금으로 간한 후 소스가 걸쭉해질 때까지 끓인다.

생토마토를 써야 소스가 해산물에 잘 어울리는 산뜻한 맛이 나요.

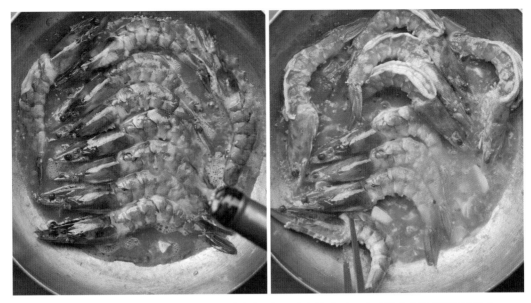

❻ 새우를 넣고 화이트와인을 부어 중불에서 익힌다. 한쪽 면이 붉게 익으면 뒤집어서 반대쪽도 익힌다.
완전히 익히면 퍽퍽해요. 잔열로도 더 익으니까 살짝만 익혀요.

❼ 새우가 다 익으면 새우만 다른 접시로 옮긴다.
소스는 그대로 둔다.

❽ 남은 소스에 생크림을 붓고 농도가 꾸덕꾸덕해질 때까지 중불에서 끓인다.
실수로 소스가 너무 많이 졸아들면 생크림을 추가하세요.

❾ 불을 끄고 새우를 다시 올린다.

Chapter 3

⑩ 다진 파슬리와 레몬 제스트를 뿌린다.

◁》 판나코타

Panna cotta

인생 최고의 디저트
판나코타

레스토랑 메뉴판에서 우연히 발견하면
무조건 시켜 먹는 인생 디저트입니다.

판나코타는 이탈리아식 생크림 푸딩인데요.
일본 푸딩이 크림의 부드러운 느낌을 강조했다면
이탈리아 푸딩은 좀 더 쫀쫀한 식감이 강하고
라즈베리 같은 새콤한 과일시럽이 올라가요.

저는 옛날부터 판나코타를 너무 좋아해서
일요일 주말에 가끔 집에서 밥 먹는 대신
호수나 산으로 놀러 가고 다 같이 레스토랑에 가면
판나코타 있나 없나 항상 메뉴판부터 스캔했어요.

사실 이런 기억 때문에 판나코타는 만들기 어려운
레스토랑에서만 먹을 수 있는 디저트라고 생각해서
집에서 한 번도 만들어본 적이 없었는데요.

의외로 너무 쉬워서 한 번에 성공했고
왜 그동안 안 만들어 먹었는지 후회가 될 정도로
파인-다이닝 뺨치는 부드러운 식감에 놀랐어요.
책에 꼭꼭 넣어야겠다고 다짐했어요.

판나코타의 장점은 창의성을 발휘할 수 있다는 거!
오늘은 냉동 딸기를 썼지만 신선한 제철 과일로
꾸덕하게 잼처럼 농도만 잡아주면 얼마든지 다양한
자신만의 판나코타를 만들 수 있으니 재밌겠죠?

Ingredient ♦♦♦♦

- ○ 판 젤라틴 8g(약 4장)

  젤라틴 파우더보다 사용하기 더 편해요.
- ○ 생크림 500g
- ○ 백설탕 80g
- ○ 바닐라 익스트랙트 1티스푼

딸기시럽
- ○ 딸기 150g
- ○ 설탕 10g
- ○ 물 20g
- ○ 레몬즙 10g

❶ 판 젤라틴은 찬물에 담가 10분 이상 불린다.

물에 꼭 불려야 크림에 바로 녹아요.

❷ 냄비에 생크림과 백설탕을 넣어 잘 섞은 후
   중불에서 따뜻한 정도로 끓여 설탕을 녹인다.

❸ 불려놓은 젤라틴을 넣고 완전히 녹을 때까지
   저어준다.

❹ 불을 끄고 바닐라 익스트랙트를 넣어 잘 섞은 후
   한 김 식힌다.

❺ 디저트 컵의 2/3 정도만 담고 랩을 씌운다.
   냉장실에 넣어 4시간 이상 차게 굳힌다.

❻ 냄비에 시럽 재료의 딸기, 설탕, 물을 넣고 중불에서 잼처럼 될 때까지 저어가며 졸인다.

❼ 불을 끄고 레몬즙을 넣어 섞는다. 완전히 식으면 핸드 블렌더로 곱게 갈아 시럽을 만든다.

❽ 차게 굳힌 판나코타에 딸기시럽을 올린다.

이 상태로 랩을 씌워 냉장하면 3~4일 이상 보관 가능해요.
식사 준비 전에 실온에 미리 꺼내두면 말랑말랑해져서 더 맛있어요.

🔊 티라미수 알레 프라골레

Tiramisù alle fragole

산뜻한 티라미수
딸기 티라미수

나폴리에서 대학 생활을 할 때 처음 먹어봤는데
오리지널 티라미수보다 더 맛있다고 생각했어요.
상큼한 딸기와 마스카포네크림을 같이 즐기는
딸기 티라미수는 신선하고 산뜻한 디저트 느낌이라
언제든 부담 없이 가볍게 꺼내 먹기 좋거든요.

티라미수 영상을 올리면 항상 달리는 댓글 중 하나가
"아이도 쉽게 먹을 수 있는 티라미수는 없나요?"
커피를 안 좋아하거나 카페인에 취약한 가족이 있다면
딸기 티라미수는 최고의 대체재가 될 거예요!

제철 맞은 신선한 딸기만 있으면 되고
핸드 블렌더만 있다면 레시피도 은근 쉬운 편인데요.
항상 강조하지만 티라미수는 다 만들고 나서
냉장고에서 꼭 10시간 이상 숙성해야 돼요!
사보이아르디 쿠키가 촉촉한 케이크처럼 변하려면
내부로 수분을 쫙 빨아들이는 시간이 꼭 필요하거든요.

Ingredient ♟♟♟♟

▿ **사보이아르디**

　　용기 꽉 채울 만큼

마스카포네크림
- ○ 달걀노른자 2개
- ○ 설탕 40g
- ○ 마스카포네 250g
- ○ 바닐라 익스트랙트 1티스푼(7g)

토핑용
- ○ 딸기 200g
- ○ 설탕 20g
- ○ 레몬즙 10g

주스용
- ○ 딸기 300g
- ○ 물 50g
- ○ 설탕 50g

❶ 토핑용 딸기를 작게 썬다.

❷ 볼에 딸기, 설탕(20g), 레몬즙을 넣고 잘 섞어 잠시 재운다.

❸ 냄비에 물을 끓여 끓어오르면 중불로 줄이고 그 위에 스테인리스 볼을 올린 후 노른자,
설탕(40g)을 넣고 거품기로 골고루 휘핑하며 익힌다.
⚠ 불이 너무 세면 뜨거운 증기가 확 올라올 수 있으니 주의하세요.

❹ 노른자가 꾸덕한 크림처럼 변하면 불을 끄고 다른 볼에 옮겨 담는다. 마스카포네, 바닐라 익스트랙트를
넣고 크림이 부드러워질 때까지 핸드 블렌더로 휘핑해 마스카포네크림을 만든다.

❺ 믹서에 주스용 딸기, 물, 설탕을 넣고 주스처럼 곱게 간다.

❻ 깊이가 있는 유리그릇에 마스카포네크림을 깐다. 사보이아르디 앞뒤로
딸기주스를 딱 한 번만 적셔 한 층을 쌓는다.
사보이아르디는 조금만 오래 담가도 나중에 죽이 돼요. 최대한 빠르게 넣었다 빼요.

❼ 다시 그 위에 마스카포네크림을 깔고 딸기 주스에 살짝 적신 사보이아르디를 올린다.
이 과정을 반복한 후 맨 위에 설탕에 재워둔 토핑용 딸기를 올린다.

❽ 뚜껑을 닫아 냉장실에 넣어 10시간 이상 차게 식힌 후 먹는다.
사보이아르디가 수분을 충분히 흡수해야 부드러워져요. 티라미수는 시간이 필요해요.

🔊 티라미수 알 맛차

Tiramisù al matcha

트랜디 티라미수

말차 티라미수

티라미수는 이탈리아 대표 디저트지만
솔직히 전 그렇게까지 좋아하지 않았어요.
원래 커피/초콜릿을 딱히 안 좋아했거든요.

그러다 2019년 한국에 처음 놀러 왔을 때
이태원에서 말차 티라미수를 처음 먹어봤는데요.
"티라미수가 이렇게 맛있었나?" 감탄했어요!

커피, 초콜릿과 비슷한 듯 완전히 다른
말차의 가벼운 쓸쓸함이 티라미수에 완벽히 어울려서
이탈리아 사람들이 오히려 배워야 한다고 생각했을 정도로
강렬한 기억으로 남아 나중에 이탈리아 돌아와서
집에서 어떻게든 만들어보려고 기를 썼어요.

이 책에는 오리지널 티라미수 레시피가 없는데요.
이런 너무나 개인적인 이유가 있기도 하지만
무엇보다 집에는 좋은 "에스프레소"가 없어서 그래요.
대신 집에서 쉽게 만들 수 있는 홈메이드 티라미수 중
제가 정말 좋아하는 말차 티라미수를 추천할게요!

Ingredient ♟♟♟

....

○ 말차가루 5g
○ 뜨거운 물 250g

▽ 사보이아르디
　　용기 꽉 채울 만큼
▽ 말차가루(데코용)

말차크림
○ 달걀노른자 3개
○ 설탕 50g
○ 바닐라 익스트랙트 1티스푼(2g)
○ 마스카포네 250g
○ 말차가루 7g
○ 생크림 250g

❶ 스테인리스 볼에 말차크림 재료의 달걀노른자, 설탕을 넣고 거품기로 잘 섞는다.

❷ 냄비에 물을 끓인 후 중불로 줄이고 그 위에 과정 ①의 볼을 그대로 올린다.
거품기로 노른자가 꾸덕해질 때까지 휘핑한다.

쉬지 않고 계속 휘핑해야 바닥에 달라붙지 않아요.
⚠ 불이 너무 세면 뜨거운 증기가 확 올라올 수 있으니 주의하세요.

❸ 불을 끄고 볼을 꺼낸다. 바닐라 익스트랙트, 마스카포네를 넣고
핸드 블렌더로 크림이 단단해질 때까지 휘핑한다.

❹ 말차가루(7g)를 넣고 스패츌러로 잘 섞은 후 가루가 보이지 않을 때까지 핸드 블렌더로 완벽히 섞는다.
가루를 넣고 바로 핸드 블렌더를 쓰면 가루가 흩날려서 콜록콜록해요.

❺ 다른 볼에 생크림을 넣고 핸드 블렌더로 크림이 단단해질 때까지 휘핑한다.

❻ ④와 ⑤, 두 크림을 합친 후 스패츌러로 가볍게 아래에서 위로 섞는다.
⚠ 과격하게 섞으면 크림이 무너져요.

❼ 볼에 말차가루(5g)와 따뜻한 물을 넣고 개어 말차물을 만든다.
물을 처음에 조금만 부어 죽처럼 만들고, 그 다음에 물을 많이 부어 섞어요.

❽ 깊이가 있는 유리그릇에 말차크림을 깐다. 그 위에 말차물에 앞뒤로 적신 사보이아르디를 올린다.

⚠ 사보이아르디는 조금만 오래 담가도 나중에 죽이 돼요. 말차물에 절대 오래 적시지 말고 최대한 빠르게 넣었다 빼요.

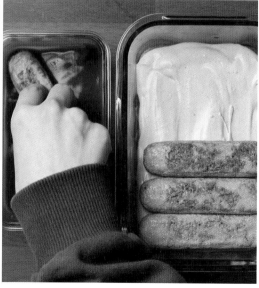

❾ 다시 그 위에 말차크림을 깔고 말차물에 살짝 적신 사보이아르디를 올린다.

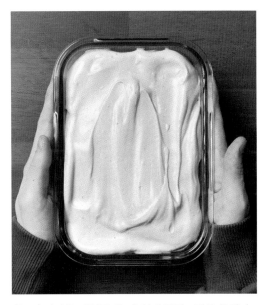

🔟 이 과정을 반복한 후 맨 위에 말차크림을 올린다.

⓫ 마지막으로 말차가루를 체에 쳐서 올린다. 냉장실에 넣어 반나절 이상 차게 식힌 후 먹는다.
  사보이아르디가 수분을 충분히 흡수해야 부드러워져요. 티라미수는 시간이 필요해요.

Collect 33

부오니시모! 나의 미뇨끼 레시피북

1판 1쇄 발행 2024년 12월 10일
1판 2쇄 발행 2024년 12월 20일

지은이 미뇨끼
발행인 김태웅
기획편집 김유진, 정보영
디자인 렐리시
마케팅 총괄 김철영
마케팅 서재욱, 오승수
온라인 마케팅 양희지
인터넷 관리 김상규
제작 현대순
총무 윤선미, 안서현, 지이슬
관리 김훈희, 이국희, 김승훈, 최국호
발행처 ㈜동양북스
등록 제2014-000055호
주소 서울시 마포구 동교로22길 14(04030)
구입 문의 전화 (02)337-1737 팩스 (02)334-6624
내용 문의 전화 (02)337-1734 이메일 dymg98@naver.com

©2024, 미뇨끼

ISBN 979-11-7210-900-4 13590

Buonìssimo!